MARTIAL ARTS

하루 한 권, 무술의 과학

요시후쿠 야스오

역학과 해부학 관점으로 보는 무술의 과학 원리

요시후쿠 야스오(吉福康郎)

1944년 사가현 출생. 도쿄대학 이학부 졸업 후 동 대학원 이학계 연구과(이론 물리학) 수료. 도쿄대학 이학 박사. 현재 주부대학 공학부 교수. 전문 분야는 스포츠 바이오메카닉스와 생명정보학. 격투 스포츠와 전통 무술을 과학 원리에 따라 해석하는 작업과 요가·기공에 정진하고 있다. 주요 저서로는 『格鬪技の科學 격투기의 과학』, 『武術「奧義」の科學 무술 「핀살기」의 과학』, 『格鬪技「奧義」の科學 격투기 「핀살기」의 과학』〈講談社〉 등이 있다.

들어가며

수술한 지 열흘날.

나는 20cm나 되는 수술 상처를 부여잡으며 간신히 걸을 수 있게 되었지만, 병원 생활에 싫증을 느끼고 있었다. 때마침 복도에서 마주친 주치의에게 무술 동작인 공중돌기를 선보였고 의사와 간호사는 화들짝 놀라며 "그만하면 퇴원하셔도 되겠어요!"라고 바로 퇴원을 허락했다.

나는 어려서부터 허약한 체질로 고생했기 때문에 바이오메카닉스 연구 주제를 격투기로 정하고 '강한 사람은 왜 강할까? 그 이유를 알면 나도 강해질까?'라는 의문을 과학 원리에 따라 밝히려 했다.

하지만 역학 또는 해부학의 관점에서 합리적인 기술이라도 힘과 근력에 차이가 나는 상대에게는 격투 스포츠 기술을 적용할 수 없다는 사실을 연구를 하며 깨달았다. 결국 '선천적으로 강한 사람이 강한 것일 뿐, 내가 강해질 방법은 없다.'라고 단념하며 오랫동안 격투기 연구와 담쌓고 지냈다.

예순이 될 무렵, 무도인 고노 요시노리(甲野善紀) 선생님을 만나고 나서 그 생각을 완전히 바꾸었다. 선생님과 여러 기술을 주고받을 때, 내가 무조건 유리한 역학 조건을 만들어 기술을 걸어도 고노 선생님은 간단하게 나를 쓰러뜨렸으며 순식간에 주먹과 죽도를 눈앞에 들이댔다. 격투 스포츠와는 사뭇 다른 속도와, 저항하기 힘든 알 수 없는 힘에 꼼짝 못 했다.

이를 계기로 고노 선생님을 비롯한 무술 사범이 주최하는 세미나에 참가하게 되었고, 기술을 배우면서 기술에 담긴 과학 원리를 탐구했다. 마침내 나보다 몸무게가 30kg이나 더 나가는 사람을 거뜬히 들어 올렸고, 무도부 검은 띠가 양손으로 내 손목을 제압해도, 그를 가볍게 넘겨 버릴 만큼 강해졌다. '기적' 말고는 표현할 길이 없었다. 또 몸에 힘을 빼는 기술을 익힌 후,

몸을 쓸 때 무리하지 않아서인지 오랫동안 앓던 허리 통증도 완전히 잊어 버렸다.

앞서 말한, 병원에서 일어난 일은 개인적인 경험일 뿐이다. 무술의 신체 움직임을 익히면 젊은 남성은 물론 여성이나 체력이 약한 노인도 무리 없이 신체 능력을 발휘할 수 있다.

여러 해 동안 연구한 성과를 이 책에 담았다. 적은 노력을 게을리하지 않으면, 일상의 몸놀림이 질적으로 달라진다. 나아가 신체 움직임을 수련하는 동안 마음이 유연하고 강인해지며, 몸과 마음에서 '긍정'이라는 분위기를 풍기는 사람으로 성장해 간다.

제1장 '무술이란 무엇일까?'에서는 무술과 격투 스포츠의 차이점, 제2장 '타격의 과학'에서는 뿌리치지 못하는 지르기, 근육이나 갑옷을 뚫는 힘, 잡기 기술을 혼합한 이소룡의 절권도 지르기 등 무술 특유의 타격 기술을 소개한다.

제3장 '검술·거합의 과학'과 제4장 '무기의 과학'에서는 일본도를 민첩하게 빼내 휘두르거나, 코등이싸움을 제압할 수 있도록 일본도를 역학 원리에 따라 유리하게 잘 다루는 방법, 일본도의 구조, 일본도로 잘 베는 이유, 창·활·쌍절곤의 특성을 활용해 무기를 잘 다루는 방법을 다룬다.

제5장 '보법·몸놀림·감각을 속이는 과학'과 제6장 '무너뜨리기의 과학'에서는 오른손과 오른발이 같이 나가는 난바 걸음, 다리에 힘을 주고 버티지 않아도 중력을 이용해 강하게 바닥을 치고 나가는 방법, 시각을 교묘하게 속여 '사라지는 움직임'을 구현하거나, 감각을 속여 상대 균형을 무너뜨리면서 상대 근력과 힘이 제 기능을 하지 못하게 하는 방법을 이야기한다.

제7장 '기(氣) · 마음의 과학'에서는 나의 경험을 토대로 무술이 어떻게 정신을 성장하게 하는지에 대한 이야기를 풀어 보려 한다.

마지막으로 내가 취미로 하는 일본 전통 시가로 무술의 핵심을 소개한다.

보이지도 쳐 낼 수도 없는 힘이 흐르는　전통 비법 타격 기술

팔을 쓰지 않고 칼을 빼면　사라지는 움직임이 적을 벤다.

밀어낼 때는 코등이가 유리　지렛대는 칼을 제어한다.

순간 이동은 발중(拔重)으로　기운이 사라지며 힘이 빠진다.

가장 빠르고 짧은 힘은 무용　무술의 움직임은 합리적

근력과 힘을 개의치 않는　무너뜨리기를 익히면 천하무적

이기고 진 걸로 끝나는 건 허무할 뿐　생사를 넘어선 삶의 길

요시후쿠 야스오

목차

제1장

무술이란 무엇일까?

Question
01 격투 스포츠와 실전 무술의 차이점은 무엇일까?

격투 스포츠와 무도 경기는 보통 조건을 정해 두고 겨룬다. 조건은 다음과 같다.

① 1대 1로 겨룬다.
② 맨손 또는 정해진 무기(죽도나 왜장도 등)만 사용한다.
③ 링, 마루 등 움직임이 쉬운 평평한 바닥에서 겨룬다.
④ 공격 종류나 공격 부위가 한정된다(금지 기술 있음).
⑤ 라운드제 등 시합 시간이 정해져 있고, 심판이 브레이크 선언을 한다.

한편 실전 무술은 이와 같은 조건이 없다. 미야모토 무사시(宮本武蔵)와 사사키 코지로(佐々木小次郎)가 벌인 결투가 좋은 예다. 무사시는 코지로의 장검에 대항하기 위해 노를 깎아 만든 긴 목검을 준비해 일부러 늦었고, 칼집을 내던진 코지로에게 "칼을 내던지다니 패배를 인정한 모양이군."이라며 화를 돋웠다(검도였으면 실격). 무사시가 늦은 이유는 코지로가 여럿이서 함께 복수하리라 예측하고, 배로 도망가기 쉬운 밀물 때를 노렸기 때문이라고 한다. ①~⑤의 조건을 거의 찾아보기 힘들다.

선수를 보호하고 선수들이 서로 정정당당히 겨루기 위해 규칙을 정하는 건 당연한데, 이는 '상대를 쓰러뜨리기 위한 격투기' 관점에서 보면 어딘가 어색한 느낌이 든다. 몇 가지 예를 들어보자.

● 복싱

상대 선수 풋워크가 너무 빠르면 당연히 발을 밟아 멈추게 하고 싶지만,[1] 복싱에서는 중대한 규칙 위반이다(그림1). 어느 시합에서 한 선수가 우연히

---

1 중국 무술 팔괘장이 좋은 예로, 상대 발을 쉽게 밟을 수 있도록 고안되었다.

발을 밟힌 순간 펀치를 맞고 쓰러져 논란이 되었다. 또 클린치 상황에 상대가 금지 부위인 머리 뒷부분을 가격하도록 유도하는 기술도 있지만(**그림2**), 실전에서 머리 뒷부분을 때리도록 유도하는 자세는 매우 위험하다.

시합에 열세인 선수가 머리를 숙여 상대 몸을 끌어안는 장면을 자주 볼 수 있는데, 실전이라면 목 조르기(프런트 초크)해 달라고 요구하는 것과 마찬가지다.

그림1 상대 발을 밟아서는 안 된다

⬆ 격투 스포츠에서는 발을 밟아 풋워크를 방해해서는 안 된다.

그림2 상대 머리 뒷부분을 가격해서는 안 된다

⬅ 상대 선수가 오른쪽으로 고개를 돌린 클린치 상황에서 공간이 비어 있다고 머리 뒷부분을 때리면 반칙이다.

● 종합격투기

복싱보다 금지 기술이 적은 종합격투기에서도 마운트 포지션(상대를 올라타 누르는 자세)을 차지한 선수가 상대 목에 한쪽 팔을 감고 그 목을 당기면서 머리 뒷부분을 공격하는 건 허용하지 않는다. 마운트 포지션에 있는 선수가 달라붙은 상대를 누르는 동작은 실전에서도 위험하다.

머리 뒷부분 타격은 금지되어 있지만, 상대를 들어 올려 머리 뒷부분을 매트에 내던지는 기술은 허용된다. 하지만 이 기술은 푹신한 매트에서만 허용된다. 매트에서는 어느 정도 견딜 수 있지만 콘크리트 바닥에서는 매우 위험하다.

● 풀 콘택트 가라테

얼굴 쪽 펀치가 금지된 풀 콘택트 가라테는 얼굴로 날아오는 하이킥만 주의하면 되기 때문에 과감하게 킥을 구사할 수 있다(**그림3**). 몸통 회전 돌려차기[2]라는 기술이 있다. 이 기술을 구사하다 실패해서 쓰러지더라도 이 종목에는 바닥 기술이 없어 상대로부터 공격을 당하지 않는다. 그러므로 심판 지시에 따라 안전하게 일어날 수 있다. 실전이라면 성공한다 해도(단단한 바닥에서는 특히) 위험하다.

● 검도

일본도를 안전하게 바꾸어 만든 죽도로 기술을 겨루는 검도에서는, 죽도 앞부분의 맨 끝이 얼굴, 손목, 몸통 같은 정해진 부위를 힘 있게 타격하면 점수를 얻는다. 상대가 고개를 돌려 내가 날린 얼굴 쪽 공격을 어깨로 받아내면, 나는 잘잘못을 떠나 점수로 인정받지 못한다(**그림4**).

죽도가 상대 어깨를 짓눌러도 시합은 그대로 진행된다. 실전에는 죽도 끝부분이든 코등이든 상대 칼 일부에 내 신체가 닿거나, 죽도로 가볍게라도 맞으면 전투력을 빼앗겨 이기는 데 불리하다. 상대 칼을 낚아채거나, 다리를 걸거나, 상대를 발로 차고 밀거나 던지는 기술은 실전에서는 당연히 인

---

2 앞구르기 하면서 뒤꿈치로 얼굴을 공격한다.

정되지만, 검도에서는 즉각 실격으로 처리된다.

이처럼 격투 스포츠와 실전 무술은 다르다.

그림3 주먹으로 얼굴을 공격할 수 없기 때문에 과감하게 킥을 구사할 수 있다

◀ 얼굴 쪽 펀치를 신경
쓰지 않고 가까운 거리에
서 로 킥을 구사한다.

그림4 어깨를 가격해도 점수를 얻지 못한다

◀ 진검을 사용하는 실전에서는
어깨를 베면 당연히 이기지만,
검도에서는 점수를 얻지 못하고
경기는 계속된다.

격투 스포츠보다 무술이 강하다?

결론부터 말하면 소질, 성별, 연령, 체격, 수업 연수와 연습량이 거의 비슷하다면 무술은 격투 스포츠보다 월등하게 강하다. Q01과도 두루 통하지만, 다음 두 가지 이유 때문이다.

① 안전을 중시하는 격투기와는 달리 무술은 사람을 쓰러뜨리거나 죽이기 위해 고안된 기술 체계다.

② 무술은 장소나 시간에 구애받지 않으며, 무도인은 기술과 마음가짐이 항상 준비되어 있다.

①의 관점에서 보면, 격투 스포츠 시합도 한쪽에만 반칙 행위를 허용하면, 당연히 그 선수가 유리하다. 선수는 반칙 행위를 연습해도 소용없으니 훈련하지 않고, 혹 훈련한다 치더라도 초보자 수준에 그친다. 반면 무술은 반칙 행위를 '기술' 차원으로 끌어올렸다.

예를 들어 눈을 공격할 때, 소림사 권법의 손등으로 눈 치기, 절권도의 손가락으로 눈 찌르기를 무술에서는 기본기로 항상 연습한다.

어느 무도인은 엄지손가락 손톱 끝을 날카롭게 깎고 문질러 단련한다고 한다. 이런 손톱에 눈이 긁히면 심한 상처를 입는다.

중국에는 손을 숨길 만큼 소매가 긴 전통 옷이 있다. 중국 권법의 한 유파는 양손을 휙휙 휘두르는 전법을 사용하는데, 길고 탄탄한 소매로 상대 눈을 공격하기 위함이라고 한다.

● 무술은 기습 공격에도 유연하게 대응한다

②에 대해 살펴보면, 무술은 적에 맞서 몸을 지키는 수단이며 무도인은 급작스러운 공격에 대비한 기술과 마음을 항상 준비하고 있다. 경기 시간에

맞춰 집중력을 높이며 몸을 풀고, 링 위에 오르고, 종이 울리면 싸우는 순서에 익숙한 선수가 기습 공격에 대비하기는 불가능에 가깝다. 제후 앞에서 기량을 겨루는 중세 일본의 어전 경기는 비교적 현대 격투기 시합에 가까웠다고 한다.

한 가라테 명인은 비행을 저지르는 무리의 우두머리이던 시절, 전철이 플랫폼에 도착하기 직전 떠밀려 선로에 떨어질 뻔한 경험을 한 이후 결코 플랫폼 맨 앞줄에는 서지 않는다고 한다. 비슷한 생각을 가진 무도인이 많으리라.

한 합기도 사범은 전철에서 내리려 할 때 플랫폼에 있던 남성에게 다리 후리기를 당했다. 사범은 자기도 모르는 사이 발을 피하며 플랫폼에 내렸다. 남성이 비틀거리며 등을 보이기에 살짝 밀었고, 다행히 전철 문이 닫혀 둘 다 무사했다고 한다.

중국 권법 무도인이 길을 걷는데 뒤에서 여학생이 부리나케 달려왔다. 여학생이 스치며 지나가는 순간 무도인이 뒤를 돌아봤고, 때마침 여학생 가방이 무도인 몸에 부딪혔다. 무도인은 자기도 모르게 몸이 반응했고 무도인이 가방을 발로 차는 바람에 교과서가 도로에 나뒹굴었다.

무도인은 당황하며 교과서를 주워 모았다. 지나가던 다른 사람은 눈치채지 못할 만큼 잠깐이었다. 다행히 여학생은 다치지 않았다. 장난이라도 무도인에게 몰래 다가가는 일은 위험하니 삼가야 한다.

달인에게 비할 바는 아니지만, 내가 병원 대기실에 앉아 있을 때 대기실 안으로 들어온 노인이 손잡이에 옷이 걸려 넘어질 뻔했다. 주변 환자들은 멍하니 쳐다보기만 하는데 나는 벌떡 일어나 노인을 부축했고 노인이 무사했던 경험이 있다.

● 무술 달인은 격투기도 연구한다

무술에 능통한 달인일수록 방심하지 않는다. 예를 들어 급소 공격에 약하다는 이유로 돌려차기를 활용하지 않는 유파도 방어 기술을 고안하지 않으면 일류 킥복싱 선수에게 당할지도 모른다. 권투 선수를 상대할 때는 잡기만 하면 이긴 거나 다름없다고 교만을 떨면 이내 재빠른 연타에 당하고 만다. 달인일수록 일류 격투 스포츠 선수의 기술을 연구하고 대책을 마련한다. 무술과 격투 스포츠가 교류하며 서로의 장점을 도입한다면 더불어 발전할 것이다.

Question 03
사기 무술과 진짜 무술을 구분하는 방법은?

무술 사범이라는 직함을 자신 있게 내걸었다면, 탄탄한 골격과 탁월한 운동 신경을 가지고 오랜 기간 수련해 온 자이리라. 몇 년간 취미로 격투기를 배운 보통 사람이 이길 상대가 아니다. 무술에 입문하더라도 강하다고 자부해 힘과 반사 신경에만 의지하면 "이 정도밖에 안 되는 놈은 필요 없어!"라는 말을 듣는다. 내가 생각하는 진짜 무도인은 이렇다.

① 본인보다 젊고 체력이 우수한 상대에게 체력을 다 쏟지 않고 이긴다.

② 상대가 언제 어떻게 당했는지 모를 정도로 본인의 움직임을 파악하기 어려워 한다.

③ 싸움에 이겨도 자만하지 않고 폭력을 인정하지 않으며 인성이 훌륭하다.

①의 예로, 한 무도인이 스모 선수와 도장에서 겨루어 힘을 다 쏟지 않고 이겼지만, 정원에 나와 다시 맞붙었더니 꼼짝없이 밀렸다는 이야기가 있다.[3] 극단적인 예시지만, 언뜻 대등해 보이나 사실은 본인에게 유리한 분위기를 조성해 보통 사람을 상대해 이기는 무도인이 있으니 주의하자.

②의 예로, 복싱 선수의 펀치는 매우 빨라 방어하기 힘들지만, 이는 무술에서 말하는 '움직임이 보이지 않을 만큼 빠른 것'과는 차원이 다르다. '간격을 어떻게 순식간에 줄였지?'라고 의아해할 정도로 무술은 스포츠에서 말하는 동체 시력으로는 따라잡기 어려울 만큼 빠르다.

③을 말하자면, ①과 ②를 만족하더라도 다른 유파를 험담하거나 거만하며 돈에 눈먼 무도인은 피하는 게 상책이다.

---

3 급소 공격이 있으면 결과는 달랐겠지만, 스모 규칙을 따랐다(진정한 달인이라면 그래도 이긴다.).

현대 무술에서 말하는
실전이란 무엇일까?

무도인끼리 겨루는 결투, 평온한 분위기에서 예의를 갖추어 다른 유파와 교류하는 시합, 여러 명이 뒤섞여 싸우는 난투까지 실전에는 수많은 상황이 있다. 여기서는 무도인과 초보자가 겨루는 실전을 바탕으로 이야기해 보자. 네 가지 특징이 있다.

① 상대가 여럿인 경우가 많다.

② 원만히 문제가 풀릴지, 싸움으로 번질지 예측할 수 없다.

③ 상대 특기가 무엇인지, 상대가 무기를 지녔는지를 모른다.

④ 지나치게 방어하지 않도록 주의해야 한다.

한 태극권 사범이 여성을 협박하는 불량배(①의 예) 네 명과 벌인 실전을 예로 들어보자. ②의 경우, 어느 소림사 권법 고수에 따르면 처음에는 말다툼으로 시작해 이쪽에서는 원만히 해결하려 하지만, 상대가 화를 내며 싸움을 거는 일이 많아 '슬슬 시작하겠구나.'하고 각오해야 한다고 한다. 하지만 위 사례에서는, 앞에 있던 불량배가 불평을 늘어놓기에 태극권 사범이 '말싸움이 시작되겠네.'하고 감지한 순간, 뒤에 있던 불량배가 사범의 두 팔꿈치를 손으로 제압했다. 곧바로 말다툼하는 척했던 앞쪽 불량배가 정면에서 달려들었다. 이것이 신호가 되어 나머지 불량배 둘도 덮쳐 왔다.

초보자라 해도 싸움에 익숙한 불량배들은 모든 싸움 기술을 동원한다. 한 격투 스포츠 선수는 상대가 "웃옷을 벗으면 싸움 시작이다!"라고 외치며 옷을 벗자, 본인도 따라 벗으려는 순간 펀치를 맞았다고 한다.

③의 경우, 만약 뒤에 있는 불량배가 칼을 들고 있었다면 사범은 팔꿈치를 붙들리는 대신 칼에 찔렸을지 모른다. 하지만 뒤로 돌아 사범이 마음먹고 먼저 공격하면 불량배는 중상(운이 나쁘면 죽을 만큼 위험하다.)을 입게

그림1 실전 상황 이미지

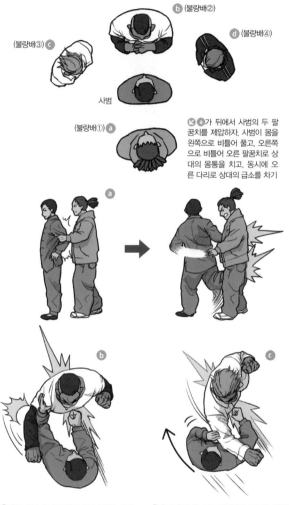

ⓑ (불량배②)

ⓓ (불량배④)

(불량배③) **ⓒ**

사범

(불량배①) **ⓐ**

↰ⓐ 가 뒤에서 사범의 두 팔꿈치를 제압하자, 사범이 몸을 왼쪽으로 비틀어 풀고, 오른쪽으로 비틀어 오른 팔꿈치로 상대의 몸통을 치고, 동시에 오른 다리로 상대의 급소를 차기

ⓐ

ⓑ

ⓒ

↑ⓑ 가 오른 훅 스트레이트를 날릴 때, 사범이 왼쪽 팔뚝으로 상대 오른 팔꿈치 안쪽을 막아 내며, 오른 주먹을 상대 몸통 쪽으로

↑ⓒ 가 오른 훅 스트레이트를 날릴 때, 사범이 왼 다리를 왼쪽 앞으로 내디디면서 왼손으로 상대 오른 팔꿈치를 바깥쪽으로 쳐 내며, 오른 주먹을 상대 몸통 쪽으로

ⓒ ⓒ를 지른 순간

ⓓ

ⓓ의 공격을 ⓒ와 같은 방법으로 처리하고 편 손등(오른쪽)으로 몸통 때리기

그림2 탄경(弾勁)이란?

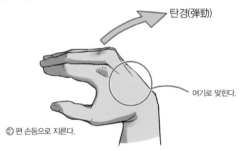

탄경(弾勁)

여기로 맞힌다.

편 손등으로 지른다.

그림3 지르는 주먹은 빈 주먹

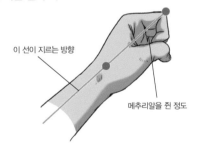

이 선이 지르는 방향

메추리알을 쥔 정도

되므로 ④처럼 지나치게 방어하거나 먼저 폭력을 행사했다는 문제가 불거질 수 있다.

● 사범은 어떻게 대처했을까?

힘깨나 쓰는 사람이 뒤에서 붙들려고 상대 양쪽 팔꿈치를 제압해도, 사범은 태극권 동작을 활용해 거침없이 쏙 빠져나왔다. 허리를 갑자기 돌리며 그 힘을 오른 팔꿈치에 전달해 팔꿈치로 상대 팔꿈치를 쳐올렸다. 그리고 기세를 몰아 상대 몸통을 팔꿈치로 가격해 쓰러뜨리고 동시에 오른발 뒤차기로 급소를 가볍게 찼다.

앞에 있는 상대가 날린 주먹은 훅으로 들어왔다. 사범은 왼팔로 상대 팔꿈치 안쪽을 제압하고 동시에 오른 주먹으로 상대 몸통을 가볍게 질러 상대를 쓰러뜨렸다. 이어서 왼편 앞쪽에 있는 상대가 오른손 펀치를 날리자, 사범은 태극권 걸음발로 왼쪽 앞으로 이동해 상대가 지르는 팔을 왼손 안쪽으로 받아넘기면서 오른 주먹으로 상대 몸통 한가운데를 질렀다.

마지막으로 오른편 앞에 있는 상대도 오른손 펀치를 날렸다. 상대 펀치를 가볍게 되받아넘기면서 주먹 쥐지 않은 오른손 손등으로 상대 몸통을 가격해 쓰러뜨렸다. 이 공격법은 탄경(彈勁)이라 불리며, 팔꿈치 관절을 용수철 튕겨 나가듯 움직여 재빠르게 공격할 수 있다.

순식간에 쓰러진 불량배들이 잠잠해지자 사범은 자리를 떠났다. 사범의 지르기는 매우 강해 풀 콘택트 가라테로 단련한 몸집이 매우 큰 사람도 사범에게 지르기를 맞으면 복근이 아무런 힘도 발휘하지 못해 내장이 심하게 망가진다. 이번에는 ④를 염두에 두고 상대가 전투력을 잃을 정도로만 '아주 가볍게' 질렀기에 상대에게 심각한 손상을 입히지는 않았다.

사범이라도 실전에서 칼에 찔릴 가능성은 늘 있다. 여러분 중에 격투기나 무술에 뜻이 있는 분이 있다고 해도 '실전에서 써먹어 봐야겠다.'라고 안이하게 생각하지 말기를 바란다.

제 **2**장 **타격의 과학**

타격 기술 '힘이 침투하는' 현상이란?

'힘이 침투한다.'라는 말은 때린 부위가 파괴되는 게 아니라, 힘이 나아가는 방향으로 가장 안쪽 부분에 위력이 다다른다는 뜻이다. 몇 가지 현상을 예로 들어 역학 원리에 따라 풀어 보자.[4]

세 명을 빈틈없이 달라붙도록 줄 세워 놓고 맨 앞사람을 지르면, 맨 뒷사람만 튕겨 나가는 현상이다(그림1). 자동차가 잇달아 들이받는 현상과 같은 원리다. 아래 그림처럼 오른쪽에서 날아온 10원짜리 동전 A가 멈추어 있는 10원짜리 동전 B에 부딪히면, 동전 A는 멈추고 대신 동전 B가 같은 속도로 움직인다. 동전 B 뒤에 다른 동전 C가 있으면(달라붙어 있어도 상관없다.) 마찬가지로 동전 B는 멈추고 동전 C가 움직인다. 10원짜리 동전이 여러 개 있어도 항상 맨 뒤에 있는 동전만 움직인다.

이 기술에서 주의할 점은 순간 발생하는 충격력보다는 일정 시간 동안 물체가 접촉하면서 물체가 받는 충격력을 모두 합한 값인, 충격량(Q50 참고)을 크게 하는 것이다. 충격량에 비례한 속도로 상대가 날아가기 때문이다. 10원짜리 동전처럼 중심이 빠른 속도로 이동하게 해서 맨 앞사람에게 힘을 전달한다고 염두에 둔다. 주먹 지르기처럼 보이지만, 몸통을 부딪치는 것과 마찬가지다. 지르는 팔이 푹신해지지 않도록 주의해야 한다.

다음은 널빤지 두 장을 겹쳐 아래 널빤지만 깨는 '뒷면 치기' 기술이다. 한번은 가라테 사범이 뒷면 치기 기술을 여러 번 시도한 적이 있다. 두 장 모두 깨지거나 위에 있는 널빤지만 깨지기도 했는데, 아래에 있는 널빤지만 깨지는 것을 '힘이 두 번째 널빤지에 침투했다.'고 해석했다. 그렇다고 반드시 아래 널빤지만 깨지는 건 아니다.

---

4 역학에 따른 해석과는 별개 의미로 '힘이 침투한다.'라는 표현도 있다.

그림1 힘이 침투하는 이유

⊕ 맨 앞사람을 지르면 힘이 침투해 세 번째 사람만 날아간다.
10원짜리 동전이 충돌할 때와 원리가 같다.

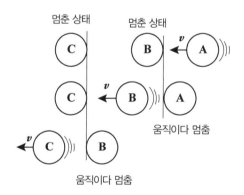

역학에 따라 다음과 같이 해석했다.

널빤지 두 장을 겹쳐 양 끝을 지지한 후, 널빤지 가운데를 지르면 두 널빤지는 모두 휜다. 이때 널빤지 가장자리보다 가운데 부위가 더 강하게 휘어진다(곡률 반지름이 작다.)(그림2). Q41에서 언급하겠지만, 널빤지 아랫면이 늘어나 인장 응력이 생기면서 가운데 쪽 아랫면에 균열이 생겨 깨진다. 어느 쪽 널빤지가 깨지는가는 얼마나 견고한지가 아니라, 얼마나 잘 휘는지에 따른다. 강한 널빤지라고 해도 쉽게 휘어지지 않으면, 약하지만 잘 휘어지는 널빤지보다 먼저 깨진다.

우연히 쉽게 휘어지는 널빤지를 위에 두고 잘 휘어지지 않는 널빤지를 아래에 두었더니 아래 널빤지만 깨졌다. 단, 때리는 힘이 너무 강하면 두 장 모두 깨진다.

세 번째는 물을 넣은 우유병 주둥이를 손바닥 밑부분으로 쳐서 밑면을 빼는 기술이다(그림3). 손바닥 밑부분으로 병 주둥이를 덮듯이 치는 순간 물에 큰 충격력이 전달된다. 파스칼의 원리에 따라 물에 가한 압력은 병을 안쪽부터 부풀리며 병 전체에 전달된다. 병 밑면이 빠지는 이유는 밑면이 압력에 가장 취약한 구조이기 때문이라고 짐작해 볼 수 있다.

이때 우유병에 물을 가득 채우는 게 핵심이다. 공기가 들어가면 공기가 수축하며 충격을 흡수하므로 실패한다. 물만 있으면 거의 수축하지 않기 때문에 압력이 줄지 않고 전달된다.

마지막으로 유명한 예를 들어보자. 에도 후기 제상류(諸賞流) 사범이 기둥에 동여매 놓은 갑옷을 팔꿈치로 가격했다. 겉은 멀쩡했는데 갑옷 안쪽 주름이 깨졌다고 한다. 팔꿈치 치기는 그 움직임이 구체적으로 명확하지 않지만, 얼굴을 내리치는 무에타이의 날카로운 가격이 아닌, 중국 권법처럼 몸통을 표적으로 온몸의 힘을 팔꿈치에 실어 내지르는 충격량이 큰 유형이라 예측할 수 있다.

갑옷의 몸통 호구는 둥근 형태다. 이를 기둥에 꽉 동여매면 **그림4**처럼 기둥 모서리 P와 Q로 지탱하는 형태가 된다. 팔꿈치 치기로 가격하면 갑옷은 기둥을 향해 안쪽으로 휘지만, 뒷면 가운데인 A가 더 많이 늘어나 큰 인장 응력이 발생해 갑옷이 깨진다. **그림2**의 널빤지가 뒷면(아랫면)부터 깨지는 원리와 같다.

그림2 아래 널빤지가 쉽게 휘어지지 않으면 먼저 깨진다

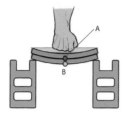

↩ 겹친 널빤지는 똑같이 휘어지고 가운데 아랫면 A와 B가 가장 잘 늘어난다. 아래 널빤지가 쉽게 휘어지지 않으면 먼저 깨진다.

그림3 병 밑면이 빠지는 이유

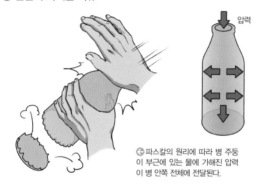

압력

↩ 파스칼의 원리에 따라 병 주둥이 부근에 있는 물에 가해진 압력이 병 안쪽 전체에 전달된다.

그림4 갑옷 안쪽이 깨지는 이유

↩ 기둥 모서리 P와 Q로 지탱하던 갑옷은 기둥을 향해 휘어지면서 안쪽 가운데 A(빨간 점)에 큰 인장 응력이 생겨 깨진다.

Question 06
갑옷 위를 때릴 때 효과 있는 장타(掌打)가 있을까?

갑옷은 다음과 같이 중요한 역할을 한다.

① 칼날이 통과하지 못하게 한다.

② 변형되지 않고 외부 충격을 흐트러뜨린다.

①의 기능만 있는 예로 의복 위에 입는 쇠사슬을 엮어 만든 옷이 있다. 옷 만듦새가 견고해 옷을 입고 있으면 칼에 맞아도 부상을 막을 수 있지만, 옷이 쉽게 변형되어 칼에 맞은 사람은 강철봉으로 맞은 듯한 충격을 받는다. 봉으로 찔리거나 맞아도 마찬가지다.

갑옷도 변형되기 쉬운 부위가 있다. 도마루(胴丸)[5] 는 몸통을 둥글게 덮는 갑옷을 말한다. 아치 형태로 만들어 튼튼한 이 갑옷은 외부 힘에 의한 변형이 거의 일어나지 않는다. 하지만 입고 벗기 편하게 오른 겨드랑이 쪽을 끈으로 묶어 고정하는 구조(그림1)다. 그러므로 앞쪽에서 안으로 파고드는 부위를 강하게 밀거나 가격하면, 그 부위가 안으로 휘어지면서 몸통에 힘이 전해진다.

물론 갑옷이 휠 만큼 몸통 안쪽까지 충격을 주기 위해서는 충격량이 매우 큰 둔탁한 타격이어야 한다는 조건이 필요하다. 그림2는 야규신간류(柳生心眼流)의 '뎃포'라는 장타(掌打)다. 왼손을 펴서 목표물에 대고 오른발과 왼발을 나란히 내디디면서, 왼손에 겹치듯 오른 손바닥으로 때린다. 발을 디뎌 무게 중심이 이동하며 생긴 운동량(= 몸무게×속도)이 목표물에 순조롭게 전해지면, 운동량은 모두 충격량으로 바뀐다.

장타를 할 때는 위에서 보면 목표물을 꼭짓점으로 양팔이 삼각형 모양이 되도록 자세를 취한다. 팔이 꺾여 푹신해지지 않도록 주의하면 목표물에 의

---

5 도마루(胴丸)와 하라마키(腹卷)는 뒤섞여 사용되기도 한다. 오른 겨드랑이 쪽이 아닌 등에 맞춘 형태도 있다.

한 반작용 영향을 받지 않는다. 상대는 간 쪽을 매우 강하게 맞을 때와 비슷한 충격을 받으며 날아간다.

그림1 갑옷의 약점

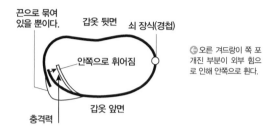

끈으로 묶여
있을 뿐이다.

갑옷 뒷면

쇠 장식(경첩)

안쪽으로 휘어짐

충격력

갑옷 앞면

◀ 오른 겨드랑이 쪽 포
개진 부분이 외부 힘으
로 인해 안쪽으로 휜다.

그림2 야규신간류(柳生心眼流)의 '뎃포'

◀ 야규신간류의 '뎃포'
무게 중심 이동에 따른 운동량
을 삼각형 구조를 통해 둔탁한
충격으로 바꾼다.

Question 07

뿌리치려 해도 뿌리치지 못하는 지르기가 있다던데 사실일까?

결론부터 말하면 뿌리치지 못하는 지르기는 있다. 나도 고노 요시노리 (甲野善紀) 선생님께 배운 '무거운 지르기'로 풀 콘택트 가라테로 단련한 유단자를 쓰러뜨린 적이 있다.[6]

본질을 밝히기 위해 역학 원리에 따라 간단히 생각해 보자. 물체가 움직인다고 가정할 때, 아래 두 가지 내용이 중요하다.

① 운동량 = 질량×속도

② 운동 에너지 = $1/2$×질량×(속도)^2

운동량 단위는 kgm/s, 운동 에너지 단위는 J(줄)이다. 운동량은 고정된 과녁에 충돌했을 때 생기는 충격량과 똑같다. 체중이 70~80kg인 사람을 떠올려 보자.

그림1처럼 팔 전체(어깨도 포함한 질량을 4kg으로 한다.)를 8m/s로 지를 때(보통 지르기)와 왼발을 앞쪽으로 디딘 자세에서 뒤쪽 오른발을 크게 앞으로 보내는 '보통 걷기'[7]로 온몸(질량 64kg: 거의 움직이지 않은 왼발을 제외한 어림값)을 2m/s로 움직였을 때(뿌리치지 못하는 지르기) 생기는 운동량과 운동 에너지를 비교하면 표와 같다.

두 지르기에서 운동 에너지가 같도록 질량과 속도 값을 선택한 이유는 지르기같이 단 한 번 온 힘을 내어 하는 동작으로 낼 수 있는 근육 에너지는 거의 일정하다는 사실을 반영했기 때문이다.

그림2처럼 지르기를 가로로 뿌리치며 생기는 충격량에 따라 보통 지르기 운동량은 방향이 크게 바뀌지만, 뿌리치지 못하는 지르기는 가로로 뿌

---

6 '지르기를 밖에서 안으로 받으세요.'라고 약속한 후 실시한 대련.
7 Q06의 '뎃포'와 발걸음은 역학 원리에 따라 본질이 비슷하다.

리치더라도 운동량 방향이 바뀌지 않아 주먹이 거의 같은 방향으로 나간다. 뿌리치지 못하는 지르기는 몸통에 비해 팔을 빠르게 움직이지 못해 충격력 최댓값은 커지지 않지만, 팔이 내쳐져도 몸통과 같은 방향인 앞쪽으로 끈기 있게 계속 지를 수 있다. 많은 운동량(= 충격량)으로 인해 상대는 자세가 무너진다. 그러면 다음 공격에 유리하다.

그림1 두 지르기의 움직임

⬆ 보통 지르기
질량 4kg, 속도 8m/s

⬆ 뿌리치지 못하는 지르기
질량 64kg, 속도 2m/s

표 보통 지르기와 뿌리치지 못하는 지르기의 차이

	질량(kg)	속도(m/s)	운동량(kgm/s)	운동 에너지(J)
보통 지르기	4	8	32	128
뿌리치지 못하는 지르기	64	2	128	128

근육에서 같은 에너지를 내며 질러도, 지르는 방법에 따라 운동량이 크게 달라진다.

그림2 운동량 방향의 차이

보통 지르기는 운동량 방향(물체의 움직이는 방향과 동일)이 뿌리치는 충격량으로 인해 크게 바뀌지만, 뿌리치지 못하는 지르기는 방향이 거의 바뀌지 않는다.

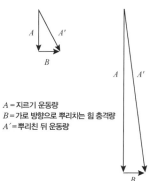

A = 지르기 운동량
B = 가로 방향으로 뿌리치는 힘 충격량
A' = 뿌리친 뒤 운동량

이소룡의 절권도란?

쿵후 영화로 대단한 인기를 끌었던 이소룡은 뛰어난 무도인으로 평가를 받았다. 이소룡은 중국 광둥성에 전해지는 영춘권을 삼 년간 수련했다.

영춘권을 떠난 후, 거기서 배운 기초 위에 각종 격투기의 장점을 도입하고 자신만의 아이디어를 더해 절권도를 완성했다.[8] 절권도는 격투 스포츠가 아니다. 영춘권과 비슷하게 어떤 상대라도 규칙 없이 싸우는 무술이다. 이소룡은 쌍절곤과 칼리(양손에 짧은 봉을 갖고 싸우는 필리핀 무술)도 수련했다.

절권도는 맨손으로 싸운다. 주로 쓰는 손, 즉 강한 펀치를 때릴 수 있는 손을 앞에 두는 게 기본자세다. 앞발은 온통 바닥에 대고 뒷발은 뒤꿈치를 띄운다. 펜싱이나 태권도 자세와 비슷하며 뒷발 탄력을 활용해 특히 전후 방향으로 재빨리 스텝을 밟을 수 있다. 앞발은(무릎 포함) 약간 안쪽으로 돌려 급소 차기에 대비한다(그림1).

이소룡은 '나비처럼 날아 벌처럼 쏴라.'라는 말로 유명한 프로 권투 선수 무하마드 알리의 움직임도 연구했다. 복싱의 풋워크뿐 아니라, 가라테의 보통 걸음과 비슷한 스텝도 활용했다. 전후좌우로 움직이다가 비스듬히 상대 측면을 돌아서 들어가는 다채롭고 가벼운 풋워크를 구사하면서 공격과 방어를 한다.

손 기술은 무척 다양한데, 복싱에서 말하는 스트레이트, 훅, 어퍼컷 이외에도 손등 치기, 손바닥 치기, 손날 치기, 내려찍기, 팔꿈치 치기를 상황에 따라 모든 각도에서 구사한다. 손끝으로 눈이나 목을 지르는 기술도 많이 쓴다. 그 밖에 공격을 당한 팔을 뿌리치며 맞받아치거나, 가끔 일부러 펀치

---

8 중국 무술, 복싱, 펜싱에서 유용한 기술을 도입했다. 이소룡이 서른두 살이라는 젊은 나이에 요절했기 때문에 절권도는 아직 완성되지 않았다는 견해도 있다.

를 받고, 받은 순간 상대 팔을 끌어당겨 자세를 무너뜨리며 상대를 공격하는 기술도 쓴다(Q12 참고).

차기는 신발을 신고 차기 때문에 발끝, 발등, 발바닥, 발꿈치 어디로 차도 맨발보다 위력이 뛰어나다. 급소 돌려차기를 피하고자 돌려차기는 처음부터 크게 차지 않는다. 전통 가라테나 소림사 권법과 같이 앞차기처럼 직선으로 지르다가 도중에 돌려차기로 바꾼다.

그림1 절권도 기본자세

⬆ 주로 쓰는 손을 앞에 두는 기본자세. 앞발은 약간 안쪽으로 돌려 급소를 방어한다.

● 기본자세와 기본 펀치

기본 펀치는 그림1 자세에서 오른 주먹을 뻗는 리드 펀치다. 복싱 잽처럼 상대를 가볍게 때릴 수 있고 속도(앞 주먹)와 세기(자주 쓰는 손)를 두루 갖추었다. 그림2a처럼 뒷다리를 펴면서 체중을 앞에 싣고, 뒤꿈치는 앞을 향할 만큼 비틀어 몸통을 왼쪽으로 돌린다. 뒷다리 큰 근육들이 내는 힘을 충분히 활용하려는 것이다. 오른 어깨가 앞으로 매우 빠르게 이동하므로, 오른 어깨를 1단 로켓으로 활용해 지르는 팔을 뻗는다.

왼 주먹은 상대 카운터에 대비해 얼굴 가운데를 지킨다. 지른 주먹은 맞은편에서 날아오는 왼쪽 공격을 방어하고, 왼쪽으로 회전하며 돌아온다(그림2b). 펀치를 뻗을 때 몸통이 왼쪽으로 회전하므로 회전하는 힘(각운동량)을 지르는 팔에 전달하면서 자연스럽게 그림과 같은 궤도로 팔을 당길 수 있다(그림3).

펀치는 복싱만큼 주먹을 비틀지 않고 팔꿈치를 내려 주먹을 세로 방향 그대로 두고 종권으로 가운데 선상을 때린다. 앞발을 내민 자세의 상대가 동시에 왼쪽 펀치를 날려도, 팔꿈치로 상대 팔을 위에서 찍어 누르며 방향을 튼다(그림4). 상대가 위에서 찍어 내리는 펀치를 지르면, 주먹을 크게 비틀어 상대 팔을 팔꿈치 바깥쪽으로 튕겨 낸다. 절권도는 특정 형식(여기서는 주먹 비틀기)에 얽매이지 않고, 세세한 기술부터 작전까지 상대에 따라 임기응변으로 대응한다는 특징이 있다.

그림2 절권도 종권

(a)　　　　　　　　　　　　(b)

⤴ 뒷발 탄력으로 빠르고 강하게 종권 펀치를 날린다.

그림3 역학 원리에 따라 알맞은 종권

◀ 오른 주먹을 뻗을 때 몸통은 왼쪽으로 돈다. 회전하는 힘을 지르는 팔에 싣고 왼쪽으로 도는 궤도에서 중앙선을 잘 지키면서 주먹을 되돌린다.

그림4 종권의 장점

⤴ 주먹을 비틀면 서로 공격을 주고받는다.

⤴ 종권은 팔꿈치로 상대 팔을 돌려내면서 본인만 공격할 수 있다.

절권도에서 관수(貫手)를 많이 쓰는 이유는?

절권도 관수는 빌지라고도 한다. 가라테처럼 한 손가락(검지)이나 두 손가락(검지와 중지)을 쓰는 게 아니라 모든 손가락을 아주 가볍게 구부려 손끝으로 쏘듯 지른다.[9] 맞닿는 넓이가 좁아 충격력은 약하지만, 압력은 세다.[10] 빌지는 영춘권 특유의 손 모양인 표지의 사투리 발음이다. 관수는 다음과 같은 특징이 있다.

① 주로 눈을 노린다.

② 충격력을 기대하지 않는 지르기라 재빠르게 뻗을 수 있다.

③ 꼭 쥔 주먹보다 약 10㎝ 멀리까지 닿는다.

먼저 ①을 살펴보면, 눈은 단련할 수 없는 중요한 감각 기관이므로 막지 않을 수 없다. 따라서 속이거나 견제하는 기술로 유용하다.

②를 보면, 가벼운 잽이라도 위력이 전혀 없으면 도리어 공격을 받을 수 있어, 어느 정도 기세(운동량)나 에너지를 팔에 실어야 한다. 관수는 가볍게 때려도 되어 하체에서 큰 힘을 뽑아낼 필요가 없고 '손 지르기'면 충분하다. 그만큼 민첩하게 뻗을 수 있다.

③에 따르면, 복싱에서 말하는 리치(양손을 옆으로 뻗은 길이)가 20㎝나 길어지며, 키가 큰 상대에게도 손이 닿는다.

관수는 공격과 방어를 동시에 하는 기술로 쓸 수 있다(**그림1**). 상대 펀치에 맞서 단독으로 관수를 지른다. 안쪽 또는 바깥쪽에서 날아오는 상대 펀치를 몸통 한가운데서 빗나가게 하면서, 동시에 상대 눈을 공격한다. 상대가 들이미는 펀치는 다른 손으로도 거들어 막는다.

절권도는 팔을 지르고, 내민 팔과 잇닿은 자리에서 다음 공격을 한다. 그

---

9 가라테의 관수도 그렇지만, 손가락을 완전히 펼치면 지르는 충격으로 손가락이 휘어져 다칠 위험이 있다.
10 Q43 참고.

림2는 팔꿈치로 친 후, 상대가 보기 어렵게 사각지대인 팔꿈치 아래에서 관수를 지르는 순간이다.

그림1 상대 펀치를 받으며 반격하는 관수

⬆ 밖에서 감싼다.

⬆ 힘 있게 들어오는 상대 펀치를 막기 위해 다른 손도 거든다.

그림2 관수를 효과적으로 활용하는 방법

⬅ 팔꿈치로 친 후, 사각지대인 팔꿈치 아래에서 관수를 지른다.

 타격의 과학

절권도 펀치 공방의 특징은 무엇일까?

웬만한 격투기나 무술에서는 보통 '공격을 받고 반격하는' 방식으로 지르기 같은 손 기술을 쓴다. 특히 가라테에서는 공격을 받는 순간 힘을 줘 상대가 지르는 팔을 눌러 꺾으며 반격한다. 그러면 자신의 움직임이 한순간 멈출지도 모른다. 절권도에서는 보통 방어와 공격을 한 동작으로 동시에 처리한다. 힘을 주지 않고 상대 움직임을 흘러가듯 받으며, 뻗는 펀치는 자연스럽게 강력한 카운터[11]가 된다.

구체적인 예를 들어 살펴보자(그림).

그림a는 얼굴 쪽 펀치를 바깥으로 빗나가게 하면서 틈이 생긴 상대 얼굴에 펀치를 날려 반격하는 장면이다. 오른손을 잡아당기며 상대 공격을 받아내기 때문에, 상대는 힘을 느끼지 못하고 공격을 받았다는 사실조차 알아채지 못한다. 오른손을 잡아당기면 몸통은 오른쪽으로 돌고 그 도는 힘에 힘입어 왼손 펀치를 날리며 반격한다.

그림b는 얼굴 쪽 훅에 대처하는 방법이다. 기본자세에서 몸통을 왼쪽으로 돌리면 팔을 조금만 움직여도 방어와 반격이 이루어진다.

그림c는 몸 쪽 훅에 대처하는 방법이다. 상체를 부드럽게 써서 상대가 훅으로 노리는 몸통을 멀리 떨어뜨린다. 뒤따라오는 훅 또한, 왼쪽으로 도는 힘을 이용해 왼팔로 방어하면서 비어있는 상대 얼굴을 정면에서 때린다.

그림d, e는 몸 쪽 스트레이트에 대처하는 방법이다. 절권도는 대개 공격에 약한 허리선 아래를 노린다. 이 경우 몸통을 크게 돌리지 말고, 상대가 지른 팔을 끌어내리면서 얼굴 쪽을 때려 반격한다. 이때 치는 힘이 너무 강하면 그 힘을 이용해 상대가 펀치를 바꾸어 내므로 아주 가볍게 친다.

---

11 카운터의 위력은 「격투기의 과학」 Q26 참고.

그림 절권도는 방어와 공격을 동시에 한다

(a)

◁얼굴 쪽 펀치를 막지 않고
바깥쪽으로 빗나가게 하면서,
상대 얼굴에 틈을 만든다.

(b)

◁얼굴 쪽 훅을, 몸통을 왼쪽
으로 돌리는 힘을 이용해 왼
손으로 받으면서, 오른 주먹
으로 반격한다.

(c)

◁몸 쪽 훅을 상체를 움직여
피하면서, 몸통을 돌리며 방
어와 공격을 한다.

(e)

(d)

⬆몸 쪽 스트레이트를 바로 아래로 끌어
내리면 상대 주먹이 내게 닿지 않는다.

Question

11 절권도 특유의 손 기술이란?

이소룡이 영화 〈용쟁호투〉에서 보인 기술을 소개한다. 두 사람이 서로 오른 팔뚝을 교차한 상태에서 겨루기를 시작한다. 이 상태에서 오른 주먹으로 상대를 치려 하지만, 그러지 못하도록 상대 오른팔이 방해한다. 연습을 많이 해서 능숙한 사람은 맞닿은 팔로도 상대 움직임을 감지하고 방어해 낸다. 그러기에 공격하기가 더욱 어렵고 조심스럽다.

영화에서 이소룡은 박사오[12]라는 기술을 사용해 방어하는 상대 팔을 떨쳐 내고 얼굴 쪽으로 펀치를 날렸다. 거의 모든 관객이 어떻게 때렸는지 모를 정도로 빠른 속도였다.

박사오는 어떤 기술일까? **그림a**는 오른 팔뚝을 엇갈려 마주한 상태다. 얼굴에 손등 치기나 관수 공격을 받을 때 이와 비슷한 상태가 된다. 오른쪽 사람이 전진하면서 왼손으로 상대 오른손을 쳐 내리고 (**그림b**), 상대 오른손을 제압하면서 얼굴을 공격한다(**그림c**).

숙련된 사람이 사용하는 박사오는 조심해도 막을 수 없다. 전진할 때 상대 팔과 내 팔이 맞닿은 부분을 움직이지 못하고, 상대가 힘을 더하거나 빼지 않아, 상대 움직임을 읽을 수 없기 때문이다. 용케 알아차리고 팔이 내려가지 않게 팔심을 주어도 공격을 받은 팔이 통째로 날아간다. 단순히 손으로 쳐 내는 게 아니라 앞으로 나아가는 기세로 상대 팔을 부수듯, 이른바 손으로 몸을 제압하기 때문이다.

개중에는 온몸에 있는 뼈마디를 부드럽게 다루어 박사오를 당해도 팔 위치를 끈질기게 유지하는 사람도 있다. 이런 상대를 만나면 절권도에서는 즉시 전법을 바꾼다. 상대 얼굴을 향해 오른 주먹을 가볍게 질러 상대가 오른손으로 받게 하고, 비어 있는 상대 오른쪽 몸통을 왼 주먹으로 세게 친다.

---

12 박사오(拍手)는 본래 영춘권 기술이지만, 명칭은 같아도 영춘권과 기술 내용이 다르다.

그림 절권도 '박사오'

(a)

팔뚝이 맞닿은 부분에서 힘과 움직임을 느껴 상대가 공격하려는 속셈을 읽어 낸다. 관수나 손등 치기로 공방을 벌일 때 자주 보이는 상태다.

(b)

팔이 맞닿은 부분을 움직이지 못하게 한 채 나아가면(오른쪽 사람), 상대가 내 동작을 알아채기 어렵다. 왼손으로 상대 오른손을 끌어내린다.

(c)

그대로 상대 오른손을 제압해 오른 주먹으로 공격. (b)에서 몸통이 오른쪽으로 돌아간 상태라 몸통을 왼쪽으로 돌리면, 상대가 얼굴을 뒤(그림의 왼쪽)로 빼도, 내 오른 주먹은 상대에게 충분히 닿는다.

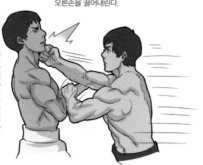

절권도는 타격과 잡기를 혼합한 형태?

앞서 소개한 박사오도 순수한 타격 기술은 아니다. 이번에는 영춘권 기술에 뿌리를 둔 랍사오라는 잡기 기술을 소개한다. 잡기와 타격을 교묘하게 혼합한 빠르고 멋진 기술이다.

그림a는 A(오른쪽) 관수를 B(왼쪽)가 받은 순간이다. 일부러 공격을 받는 찰나에 반격을 하는 경우도 자주 있다. B가 A의 공격을 받은 순간 A는 오른손으로 B 손목을 잡는다(그림b). 그대로 하체의 큰 근육들 힘으로 몸통을 오른쪽으로 돌리면서 상대를 세게 끌어당긴다. 왼쪽 어깨가 앞으로 나오므로 왼 주먹으로 상대 얼굴을 강하게 칠 수 있다(그림c). 당길 때나 칠 때나 팔심에만 의존하지 않아 위력이 있다는 점에 주목해야 한다.

상대가 이 기술을 모른다면 상대는 갑자기 끌어당겨지면서 목이 앞뒤로 강하게 흔들리는 큰 충격을 받고 자세가 무너진다. 잡고 나서 끌어당기는 게 아니라, 처음 공격할 때 나오는 힘을 그대로 이어 가며 끌어당기는 동작이다. 적어도 내가 경험한 바에 따르면 초급 호신술의 빼기 기술이나 관절을 꺾어 제압하는 꺾기 기술을 어느 정도 안다고 해도 이 기술을 걸 여유가 없다. 자세가 흐트러지면 아무런 대비를 할 수 없어 비교적 가벼운 충격에도 큰 피해를 본다.

B가 이 기술을 알고 있다면, 그림c에서 A의 왼 주먹 공격을 왼손으로 받아 냈을 것이다. 여기서 다시 A는 왼손 랍사오로 B 왼손을 잡아 그림c에서 랍사오로 내밀린 B 오른손 위에 겹쳐 내리누른다(그림d). 역학 원리에 따르면 B는 이 누르기를 쳐 낼 수 없다. 따라서 B는 한순간 양손을 사용하지 못하고 아무런 대비도 하지 못하게 되어 A가 오른 주먹으로 얼굴을 때리더라도 막지 못한다.

랍사오는 앞서 다룬 박사오와 섞어 활용할 수 있다.

그림　절권도 '랍사오'

(a)

A가 얼굴을 공격
하고 B가 막는다.

(b)

A는 공격하던 손으로 B
손목을 잡는다.

(c)

하체의 큰 근육들 힘으로 몸통을 오른쪽으로
돌리면서, 잡고 있는 B 오른손을 끌어당기고,
왼 주먹으로 B 얼굴을 강하게 친다.

(d)

A 왼 주먹을 B가 왼손으로 받으면 A는 다시
랍사오로 B 양손을 눌러 공격한다. B는 이
공격에서 벗어날 수 없다.

(d를 위에서 본 모습)

A 팔은 쭉 뻗어 있어 강한 힘 F로 B를 누를 수 있다. B
가 이를 쳐 내려면 왼쪽 어깨 관절 주변에서 돌림힘 N
$= FL$을 내야 하지만, F가 강하거나 L이 멀면 N도 매우
강해야 하므로 쳐 낼 수가 없다.

절권도의 발차기 기술 공방이란 무엇일까?

Q08에서 언급했듯 절권도는 신발을 신은 채 차기 때문에 맨발보다 위력이 있다. 다른 무술이나 격투기와 마찬가지로 발차기를 하며 벌이는 공방도 있다. 이번에는 절권도에서 자주 쓰는 공격과 방어를 한꺼번에 하는 발차기 기술을 살펴보자.

그림1은 상대가 얼굴을 노리고 왼쪽 스트레이트를 날리자, 몸통을 왼쪽으로 돌리며 어깨를 움직여 그 공격을 받아 내고, 회전을 이용해 상대가 축으로 하는 다리를 차며 반격하는 장면이다. 급소 차기도 가능하다.

그림2a를 보면, 오른쪽 하이킥을 받아 내면서 앞에 있는 오른발로 급소 차기를 한다. 이와 거의 같은 자세를 취해, 풀 콘택트 가라테나 무에타이에서 쓰는 옆에서부터 크게 돌려 차는 공격도, 차려고 올린 상대 다리 무릎이나 넓적다리를 발바닥으로 막아 저지할 수 있다.

그림2b를 보면, 역시 하이킥을 받아 내면서 왼발로 상대가 축으로 하는 다리나 급소를 차 반격한다. 그림1과도 두루 통하지만, 상대 킥은 바로 받아 내지 말고 스텝을 쪼개, 상대가 발을 차는 속도가 가장 빠른 지점을 피해 반격해야 한다.

그림3은 상대가 발차기하려는 순간, 뒤쪽에 있는 왼발로 상대 발을 디디며 막는 장면이다. 이는 중국 무술 부인각(斧刃脚)과 비슷한 발차기 기술이다. 발날[13]과 달리, 엄지발가락 옆면이 위로 향해 있어 뒷발을 원래 위치로 재빨리 끌어당길 수 있다. 이 기술은 본인 몸이 앞으로 이동하는 힘을 발에 실을 수 있으므로, 차고 나오는 상대 발을 쉽게 멈춘다. 그리고 상대는 균형이 무너진다. 상대가 조심하지 않고 앞무릎을 펴고 서는 순간, 상대 무릎을 밟아 누르면 상대에게 큰 충격을 입힐 수 있다.

---

13 그림1의 발차기 기술. 새끼발가락 옆면으로 맞힌다.

그림1 절권도 발차기 기술 ①

← 왼쪽 스트레이트가 날아올 때, 얼굴을 뒤로 빼면서 뒷다리(발차기 하는 축이 된다.)에 중심으로 옮기고 몸을 왼쪽으로 돌리며 어깨를 움직여 상대 펀치를 피하면서 상대가 축으로 하는 다리나 급소를 찬다.

그림2 절권도 발차기 기술 ②

(a)

(b)

↑상대 하이킥에 맞춰 앞에 있는 오른발로 상대 급소를 찬다.

↑스텝을 쪼개며 안쪽으로 들어가 상대 하이킥을 피한다. 몸통을 오른쪽으로 돌려 어깨로 상대 킥을 받아 내며 상대가 축으로 하는 다리를 지른다.

그림3 절권도 발차기 기술 ③

← 상대가 차는 발을 부인각과 비슷한 발차기로 막는다. 앞쪽으로 중심이 이동하는 힘(운동량)을 이용하면, 상대 균형은 무너진다.

상대 공격에도 잘 견디는 몸을 만드는 무술 비법은 무엇일까?

상대 공격을 견디는 맷집을 키우는 과학적 방법은 『격투기의 과학』에서 도 다뤘지만, 덧붙여 설명하자면 다음과 같다.

뇌 자체를 단련해 맷집을 키우는 방법은 없으므로 머리를 상대 공격에 잘 견디게 하려면 상대에게 맞을 때 머리(뇌)에 생기는 진동을 줄여야 한다. 예를 들어 오른 턱으로 상대 훅이 들어올 때, 왼쪽 어깨를 턱 쪽으로 올려 빗장뼈에 왼쪽 턱을 고정해 머리 흔들림을 줄인다. 같은 원리로 한 손 또는 양손으로 머리를 꽉 잡고 방어도 할 겸 팔꿈치를 앞쪽으로 들어 올리면 충격을 줄일 수 있다.

상대 공격에 잘 견딜 수 있는 중국 무술 두 가지를 소개한다. 모두 과학적 으로 밝혀지지 않았지만, 내 경험상 효과는 보장한다.

중국 무도인 이토 신이치(伊藤真一) 선생님은 나에게 보폭을 넓히고 허 리를 낮춰 서는, 마보참춘공(馬步站椿功)(그림1)이라는 자세를 취하라고 했다. 그리고 오른쪽 장딴지와 넓적다리 몇 군데를 손바닥으로 잡아 안쪽이 나 바깥쪽으로 가볍게 비틀었다. 이토 선생님은 "이 감각을 기억하세요."라 고 말하며 갑자기 내 다리를 로 킥으로 찼다. 충격은 있었지만 아프지 않았 고 무릎도 구부러지지 않은 채 태연하게 견뎌냈다.

또 태극권의 이케다 히데유키(池田秀幸) 선생님이 수업 시간에 학생들 앞에서 입신중정(立身中正)과 다양한 태극권의 서기 자세를 설명하며 내게 오른손을 앞으로 펼치며 호흡하라고 했다. 그리고 "이 느낌을 유지하세요." 라고 말하며 내 오른 가슴에 지르기를 날렸다(그림2). 지켜보는 학생들은 '헉!' 소리를 내며 화들짝 놀랐지만, 나는 전혀 충격이 없었다. 두 무술은 모 두 맷집이 약한 나에게 전혀 해를 끼치지 않았고, 오히려 나는 인간이 어마 어마한 능력을 지니고 있다고 생각하게 되었다.

그림1 마보참춘공(馬步站椿功)

◀ 중국 무술에 알맞은 몸을 만
드는 기본자세. 초보자는 무릎
에 통증을 느낄 정도로 힘든 수
련이다.

그림2 태극권의 서기 자세를 지도받고 있는 나

나

이케다 히데유키 선생님

⬆ 입신중정(立身中正), 함흉발배(含胸拔背), 침견추주(沈肩墜肘) 등 태극권
의 서기 자세를 이케다 히데유키 선생님께 배우는 나. 잠깐이었지만 불가사
의한 맷집이 생겼다.

갑옷과 같은 근육을 뚫고 나가는
효과적인 타격 방법은 존재할까?

앞서 나는 특별한 방식으로 잠시 맷집이 강해졌던 경험을 이야기했다. 충격에 맞서려고 일부러 근육에 힘을 주지도 않았는데 해를 입지 않았다. 이번에는 반대로 근육이 수축하는 힘으로 충격을 막아 내려는 상대에게 해를 끼치는 방법을 살펴보자. 이 타격 방법은 보통 타격과 비교해 충돌하는 힘이 같거나, 오히려 약하다.

구체적인 예를 들어보자. 정권이나 평권[14]으로 가슴을 때리면, 일반적으로 꼭 쥔 주먹에서 불룩하게 솟은 부분이나 주먹 아래쪽 힘줄 부위같이 정해진 위치에서 힘이 나와 가슴에 전달된다. 하지만 이 타격법에 따르면, 정권으로는 가라테와 비슷하게 비틀면서(그림1), 평권으로는 팔뚝 비틀기(그림2)처럼 가슴에 닿은 부분을 구르듯이 가격한다. 형태는 약간 다르지만 정권과 평권 모두, 새끼손가락이 먼저 닿고 마지막에 엄지손가락으로 힘을 전달한다. 상대에 닿는 주먹은 약 10㎝ 안에서 움직인다.

풀 콘택트 가라테를 경험한 사람은 유단자가 지르는 정권은 평온하게 받아 내더라도, 이 방법으로 가볍게 지르는 사범 주먹에는 앓는 소리를 내며 비틀거린다. 또 평권이나 당랑권을 가볍게 맞으면, 충격력과는 별개로, 마지막에 닿은 주먹의 엄지손가락에서부터 퍼지는 불쾌한 통증이 가슴 속 깊이 파고든다. 복부를 지키는 복근이나 가슴 쪽 큰 근육도 상당히 넓기 때문에, 주먹이 닿는 부위가 바뀌어도, 거의 같은 근육 수축력으로 대응할 수 있다. 역시 근육이 수축하는 힘은 별로 관계가 없는 모양이다.

명확히 설명할 수는 없지만, 충격으로부터 해를 입지 않으려면 근육이 수축하는 힘뿐 아니라 피부나 근육 겉면을 싸고 있는 막도 긴장해야 하고,

---

14 주먹 쥔 손바닥의 평평한 면. 엄지는 검지 옆에 둔다. 독특하게 주먹을 쥐고 치는 당랑권 타격법과 평권의 원리는 거의 같다.

그 밖에 생리학에 따른 준비(태극권에서 말하는 '기 모으기')가 필요하다. 무엇보다 몸에 주먹이 닿는 부위가 달라지는 데 대한 준비를 충분히 하지 못해 큰 충격을 입는지도 모른다.

그림1 근육 '갑옷'을 꿰뚫는 지르기

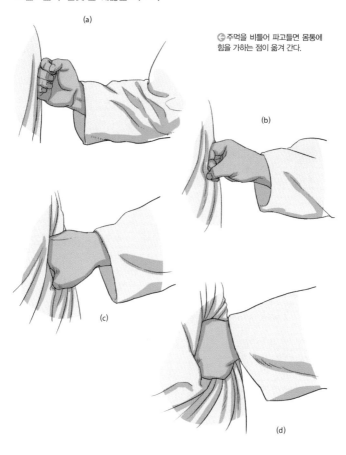

(a)

(b)

(c)

(d)

← 주먹을 비틀어 파고들면 몸통에 힘을 가하는 점이 옮겨 간다.

그림2 당랑권식 타격 방법

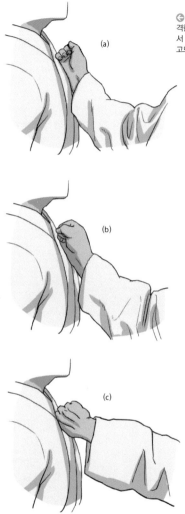

(a)

(b)

(c)

보통 (b)처럼 쥔 주먹으로 가격한다. (a)(b)(c) 순서로 돌리면서 치면, 상대는 가슴속까지 파고드는 불쾌한 통증을 느낀다.

제3장 검술 · 거합의 과학

진검 승부란 무엇일까?

내가 어렸을 때 대단한 인기를 끌었던 시대극에는 몰려다니는 적을 주인 공이 한 명씩 해치우는 장면이 자주 등장했다. 유명한 영화 〈鍵屋の辻の決 鬪 가기야노쓰지의 결투〉에서 원수를 갚는 데 돕는 역할을 한 검객 아라키 마타 에몬(荒木又右衛門)은 서른여섯 명이나 되는 적을 베어 버렸다. 하지만 이 는 어디까지나 허구고 실제로는 두 명 정도였다고 한다.

우리는 보통 싸움 초반에 동료 두 명이 칼에 찔리는 걸 보고 달려들 사람 이 있을 리 없다고 여긴다. 여럿이서 우르르 공격하면 이길 가능성은 있겠 지만, 그래도 한두 명은 당할 것이다. 한 명이라도 겁먹고 도망치면 나머지 사람들도 소중한 목숨을 지키려 도망친다. 초반에 한 점을 잃어도 후반에 두 점을 얻어 이기는 경기와 달리, 검을 들고 싸울 때는 한 점 잃으면 인생 이 끝나기 때문이다.

목숨을 건 싸움일수록 긴장한 나머지 평소 실력을 발휘하지 못할 수 있 다. 칼을 부드럽게 잡고 다루는 훈련을 거듭해도 실전에서는 칼자루를 잡은 손이 뻣뻣해져 칼을 꺼내지 못하는 일도 허다하다. 이것이 실제 싸움인 진 검 승부에서 나타나는 마음 상태다.

● 진검 승부의 구체적인 예

실제로 싸울 때 드는 마음을 염두에 두고 구체적인 예를 들어 진검 승부 를 살펴보자. 한 세미나에서 나는 죽도를 들고, 진검을 든 사범과 마주했다. 사범이 걸어갈 때 내가 옆에서 죽도를 들고 덤벼도 휘리릭 피할 만큼 사범 은 실력이 뛰어났다. 사범이 쓰는 칼은 애벌로 대강 갈아[15] 잘 벤다는 칼인 데, 칼에 닿기만 해도 손가락이 잘려 나가고 가볍게 맞기라도 하면 손목이

---

15 일반적인 견해인데, 완전히 간 칼이 잘 벤다는 검술사도 있다.

그림1 '점'으로 보이는 칼

⬆ 이런 자세를 취하면
긴 칼도 상대에게는 '점'
으로 보인다.

떨어져 나간다고 한다.

　나는 죽도로 상대 눈을 향해 겨눈 자세를 잡았다. 사범이 잡은 칼이 작은 점으로밖에 보이지 않아 오싹해서, 내 죽도와 상대 칼끝 사이의 거리를 1m 안쪽으로는 도무지 좁힐 수 없었다. 사범이 자세를 바꾸며 내 앞으로 나아오자, 나는 상대가 뿜는 기백에 공포를 느끼며 멈춰 서려는 의지와는 반대로 상대와 거리를 유지한 채 도장 끝까지 물러났다.

내 다음 사람은 나보다 검술에 능한 사람 같았다. 사범이 간격을 좁혀도 물러서지 않아 나는 '역시!'라고 감탄했다. 그런데 다른 사범이 "그 정도 간격이면 벌써 목이 날아갔죠. 처음 분처럼 본능적으로 뒤로 물러나야 목숨을 구할 수 있어요."라고 말했다.

다음으로 친척 집안에 전해지는 바쿠후 말기 이야기다. 칼을 든 도둑이 집에 들어와 집주인과 진검 승부를 펼쳤다. 양쪽 다 칼을 잡고 서로 노려보며 약 30분(정확한 시간은 모르겠지만, 아무튼 꽤 긴 시간이었을 것이다.) 동안 꼼짝도 안 하고 있었다. 마침내 집주인이 틈을 노리고 도둑에게 달려들자, 도둑 팔에 상처가 났다. 도둑은 몸을 돌려 도망갔다고 한다.

1970년 노벨문학상 후보로 불린 작가 미시마 유키오(三島由紀夫)가 '방패회' 회원 네 명과 도쿄 이치가야에 있는 자위대 주둔지에 침입해 반란을 일으키려 했으나 성공하지 못하고 결국 배를 갈라 자살하는 '미시마 사건'이 벌어졌다. 그때 미시마의 목을 쳤던 모리타 마사카츠(森田必勝)는 첫 번째 칼은 거리를 잘못 가늠해, 두 번째 칼은 치아를 쳐서 목을 치는 데 실패했다. 칼은 세 군데나 이가 나갔고 칼 몸도 구부러졌다. 정신이 흔들려 칼자루를 제대로 잡지 못하고 칼날(Q36, Q37 참고)도 잘못 쓴 게 원인이라고 발도도(拔刀道) 전문가는 말한다.

옛 일본군이 적 참호에 뛰어들어 일본도로 상대 목을 벨 때, 전투 헬멧을 피해 한쪽 어깨부터 비스듬히 베는 게 효과가 있다고 냉정하게 판단했다는 이야기도 있다. 두렵고 불안한 상태가 될 수밖에 없는 전쟁터에서도 싸울 때 망설이지 않으면 실력을 발휘할 수 있나 보다. 이것이 좋은 일인지 나쁜 일인지를 떠나, 진검 승부에 임할 때는 스포츠 경기와는 다르게 '모험이 없으면 얻는 것도 없다.'라는 마음가짐이 필요한 모양이다.

그림2 '선'으로 보이는 칼

⬆ 이런 자세를 취해도 칼이 '선'으로만 보여 틈새를 노리기 어렵다. 상대가 들고 있는 칼에서 번쩍하는 빛을 보는 순간, 공포를 느끼면서 몸이 뻣뻣해진다.

양손으로 칼날을 잡아서 막는 게 가능할까?

일반적으로 양손으로 칼날 잡기는 머리 쪽으로 오는 칼을 양손으로 받들어 빼앗는 기술이다. 연습할 때는 칼 대신 손날로 해 보기를 권한다. 대개 타이밍이 안 맞아 머리를 맞거나, 빨리 잡으려고 마주 댄 손에 손날이 맞을 것이다.

손바닥 길이가 10*cm*라면, 초속 30m/s(시속 108*km*/h. 야구에서 타자가 방망이를 휘두르는 속도와 같다.)[16]로 날아오는 칼은 겨우 300분의 1초 만에 양손 사이를 통과한다. 타이밍이 맞을 리 없다. 자연스러운 움직임에 따라 손바닥 아랫부분을 미리 맞대고 양손 손가락 끝을 벌려 V자형으로 만들어 받는다 해도, 가로 방향으로 1*cm*라도 어긋나면 손바닥 아랫부분이 잘린다.

만약 운 좋게 타이밍도 손 위치도 딱 맞아 칼을 잡았다고 치자. 칼 무게는 1*kg*으로 야구 배트와 비슷하다. 칼 힘을 견디지 못하고 팔꿈치가 꺾여 양손이 칼을 잡은 채 머리로 떨어진다. 머리가 베이지 않더라도 방망이로 맞은 듯한 충격을 받는다. 칼이 베는 무기라는 건 물론이거니와, 칼은 강철로 만든 봉이기도 하다는 사실을 기억하길 바란다.

실전이라면 칼을 내리치며 베는 것뿐 아니라, 당기거나 밀면서 베는 방법도 있다. 손으로 잡은 위치를 제외한 칼날 부분(당기면서 벨 때는 칼끝이 가까운 쪽)이 머리를 벨 것이다. 그리고 칼이 잡혔다고 알아챈 상대가 칼을 긴지름 방향으로 비틀면, 칼을 잡고 있던 손을 크게 다친다. 이런 이유로 양손으로 칼날을 잡을 수는 없다.

이어서 실전에서 양손으로 칼날을 잡는 기술을 살펴보자.

---

16 어림값으로 시속 200~300km/h라는 자료도 있다.

그림1 칼이 덮치기 전에 붙잡는다

◁ 상대가 칼을 크게 휘두르는 순간, 상대와 간격을 좁혀 칼을 양손 사이에 끼우고 상대 복부를 차서 날려 버린다.

◁ 상대가 왼발을 끌면서 수평으로 칼을 빼서 치면, 양손으로 칼날을 잡을 수는 없다.

극진 가라테 대회에서 오야마 시게루(大山茂) 씨가 선보였던 무예가 가장 인상에 남는다. 두 선수가 무릎을 꿇고 단정하게 마주 보고 앉아 있다. 상대가 칼을 빼서 민첩하게 휘두르며 공격한다. 오야마 씨는 이에 맞춰 무릎 서기 동작을 한다.

그리고 한쪽 발을 디디며 칼이 아직 충분히 속도가 나지 않은 타이밍에 칼끝보다 속도가 느린 칼 가운데를 모기 잡듯이 양손 사이에 끼우면서 상대 복부를 발바닥으로 차서 날려 버리고 칼을 빼앗았다(**그림1**).

상대가 칼로 내려칠 때, 어느 순간 칼 움직임이 느려지며 틈이 생긴다. 칼 가운데를 잡을 수 있었던 건 그 틈을 놓치지 않고 민첩하게 파고들었기 때문이다. 또한 모기를 잡듯이 칼을 잡아 손바닥이 베이지 않았다. 그리고 발차기로 상대 자세를 무너뜨려 칼을 비틀지 않고도 쉽게 낚아챌 수 있었다.

이 기술은 약속대로 움직인다 해도 조금만 타이밍이 어긋나면 실패한다. 실제로 어떤 사람이 같은 기술을 시도했다가 실패해 손바닥을 크게 다쳤다는 이야기도 들었다.

실전이라면 상대는 왼발을 끌면서 간격을 벌리고, 뺀 칼을 그대로 수평으로 베어 버렸을 것이다. 이렇게 하면 손이 상대 칼 가운데에 닿을 만큼 파고들 수 없고, 상대가 칼을 빼는 순간부터 칼은 이미 상당히 빠르다. 칼을 붙잡는 건 실제로는 불가능하다.

마지막으로 좀 더 실현이 가능한 칼날 잡기 기술을 소개한다. 진검 승부 중 상대 공격이 너무 강할 때는, 양손으로 칼자루를 잡고 평상시처럼 받아내면 칼과 함께 자세가 무너지므로 **그림2**처럼 받아 낸다. 왼손이 자신의 칼을 따라 미끄러지듯 타고 가게 해 왼손으로 상대 칼등을 잡고, 칼끝을 왼쪽으로 비틀며 그대로 상대 목을 겨냥해 벤다. 이 기술은 일본도가 한쪽에만 칼날이 있으므로 성립한다.

그림2 실전에서 칼날을 잡는 건 가능하다

① ←본인 칼 위에 왼손을 더해 상대 칼을 받아 낸다.

② ←왼손으로 잡은 칼을 왼쪽 (본인 칼끝)으로 돌린다. 칼도 당긴다.

③ ←오른쪽으로 비튼 허리를 왼쪽으로 돌리면서 벤다.

칼로 상대 칼을 쳐 내거나 서로 밀어낼 때 역학 관계는?

칼끼리 맞붙어 싸우거나 상대 무기를 밀어낼 때 힘은 **그림1**과 같다. 단, 본인 칼은 기본적으로 기세가 붙어 있지 않은 상태로, 쳐 낼 때 생기는 충격력은 고려하지 않았다. **그림1**은 칼날 줄기 방향으로 나는 힘을 표현한 것인데, 옆으로 쳐 낼 때도 마찬가지로 표현할 수 있다. 칼 무게는 계산에 넣지 않았다.

그림1처럼 칼을 들고 칼끝을 눌러 내릴 때, 칼자루를 잡기 전 오른손에는 눌러 내리는 힘 F_R이, 뒤에 있는 왼손에는 끌어올리는 힘 F_L이 걸린다. 언뜻 반대 방향이어도 상관없을 것 같지만, 만약 왼손 힘까지 아래 방향으로 향하면 칼자루가 점 C를 중심으로 아래 방향으로 원호를 그리며 움직일 뿐, 상대 힘 f에 저항할 수 없다. 식 (2)처럼 양손 힘이 차이가 나므로 상대 힘에 저항할 수 있다.[17]

칼자루 길이는 약 $25cm$이므로 **그림1**의 l은 양손 간격을 넓게 잡아도 $20cm$ 정도다. 오른손부터 상대 칼까지의 거리 L을 $60cm$, 상대 힘 f를 10kgw[18]으로 하자. 식 (1)과 (2)를 통해 나온 값은 F_L = 30kgw, F_R = 40kgw이다. 점 C가 코등이에 가까운 L = $30cm$라면, F_L = 15kgw, F_R = 25kgw이 된다.

이처럼 칼날로 상대에게 힘을 가하고 싶다면, 되도록 내 코등이로 상대 칼을 받아 내고 상대 칼끝과 가까운 쪽으로 힘을 되돌리면 된다.

다음으로 이 원리를 응용한 수준 높은 기술인 야규신카게류(柳生新陰流)의 '갓시우치(合し打ち)'를 소개한다. 다른 유파에도 비슷한 기술은 있다.

그림2에서 A는 정면 위쪽에서부터 공격하는 데 반해, B는 한발 늦게 같

---

17 계산은 지렛대 원리를 포함한다.
18 1kgw(킬로그램중)은 보통 '1킬로의 힘'일 때 힘으로, 무게 1kg 물체를 살짝 올려놓았을 때 가해지는 힘을 말한다.

그림1 맞붙어 싸울 때 칼에 걸리는 힘

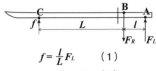

$$f = \frac{l}{L} F_L \quad (1)$$

$$f = F_R - F_L \quad (2)$$

점 A, B, C는 각각 힘이 작용하는 점
F_L : 왼손으로 칼자루를 끌어올리는 힘
F_R : 오른손으로 칼자루를 눌러 내리는 힘
f : 맞닿은 상대(칼)의 힘

그림2 야규신카게류(柳生新陰流)의 갓시우치(合し打ち)

◷ 오른쪽 사람(A)이 정면 위쪽에서부터 공격한다. 왼쪽 사람(B)도 한발 늦게 공격한다.

◷ 한발 늦은 B는 A의 칼을 코 등으로 받아 안쪽으로 돌리면서 내리친다.

◷ B는 그대로 내리친다. A의 칼은 안쪽 허공을 가른다.

은 공격을 한다. 그 결과 B는 코등이로 A의 칼 가운데를 받아 낸다. 그대로 B가 약간 안쪽으로 힘을 주면서 곧바로 내리치자, A의 칼은 안쪽으로 튕겨 나와 허공을 가른다.[19] 한편 B의 칼은 궤도를 유지하며 A를 벨 수 있다.

말이 쉽지, 한발 늦은 타이밍으로 대응하는 기술은 매우 어려워, 조금이라도 늦으면 베이고 만다. 또 상대 칼을 옆으로 밀쳐 내며 본인 칼의 궤도를 유지하기 위해서는 부드러우면서도 손에 착 달라붙도록 칼을 잡아야 하고 온몸을 잘 움직여야 한다.

오노파 일도류(小野派一刀流) 사범이 날을 세우지 않은[20] 진검으로 선보인 시범을 가까이서 볼 기회가 있었다. 칼과 칼이 만나는 순간, 쩌렁쩌렁하는 둔탁한 쇳소리가 났고 칼이 튕겨 나가기도 하고 칼이 머리 위에서 아슬아슬하게 탁 멈추기도 했다. 이 기술을 이루어 내려면 수련을 열심히 해야 하는 건 물론이고 정신력이 무척 강해야 한다.

보통 코등이로 받아 내는 게 유리하다고 하지만, 원리에 따르면 오른손과 왼손 힘의 차이로 대항해야 한다. 따라서 상대 힘 f가 셀 때는 보통 방법으로 칼을 잡아서는 맞겨룰 수 없다.

강한 힘에 맞서기 위해서는 **그림3**처럼 한 손(보통 왼손)으로 칼자루를 쥐지 않고 칼등 쪽을 대고 버텨 주며 칼날 부분을 지탱한다. 식 (3)처럼 양손 힘을 더해 상대방 힘에 대항하면 큰 충격력도 버틸 수 있다. 예를 들어 $L_L = 30cm$, $L_R = 40cm$라고 했을 때, 상대가 온몸으로 덮쳐누르는 힘 $f = 70$kgw로 공격해도, 비교적 약한 힘인 $F_L = 40$kgw, $F_R = 30$kgw로 막아 낼 수 있다.

상대가 왜장도 같은 무거운 무기를 들이대도, 팔을 쿠션으로 활용해 시간을 들여 유연하게 그 무기를 막아 내면, 힘 f는 그렇게 세지지 않는다(**그림4**). 반대로 양팔을 밀어내듯이 순식간에 상대 무기를 받아 내면 충격력이 커지고, 상대 무기 무게나 기세에 눌려 내 칼이 부러질 수도 있다.

---

19 Q20 그림3 방법도 몸놀림에 이 기술을 응용한 것 같다.
20 베지 못하게 칼을 눕힌다.

그림3 센 힘에 저항하는 방법

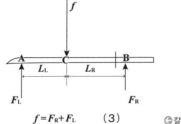

$$f = F_R + F_L \qquad (3)$$
$$F_R : F_L = L_L : L_R \qquad (4)$$

↩ 칼날을 칼등으로 지탱하면 상대의 센 힘에 저항할 수 있다.

그림4 무거운 무기에도 대응할 수 있다

↑ 왜장도처럼 무거운 무기를 막을 때는 왼 손바닥 전체로 칼 옆면을 지탱한다.

Question 19
시대극에 나오는 칼등 치기 장면은 실제로 가능할까?

시대극에서 검객이 무리 지어 있는 상대를 차례로 쓰러뜨리며 "칼등으로 쳤어, 목숨에 지장은 없을 거야. 안심해."라고 멋있게 말하는 장면이 나온다. 소중한 생명을 죽이지 않는다는 점에서는 바람직하지만, 실제 진검 승부는 그렇게 만만치 않다.

우선 처음부터 칼을 뒤집어 칼등 치기를 하는 걸 보면 상대는 안심하고 반격한다. 그리고 칼등으로 치기 위해 만든 칼은 반대로 휘어져 있어 사용하기 불편하고, Q18 **그림4**처럼 받아 내지 못해 평소 실력을 발휘하지 못한다.

현실에서는 평소대로 칼을 잡고 벨 타이밍, 즉 칼이 상대에게 닿기 직전에 왼손을 갑자기 비틀어 칼을 거둔다. 그러면 상대는 진짜 베인 줄 알고 정신을 잃고 쓰러진다.

일본도는 휘었다

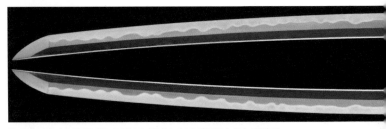

⬆ 에도 시대 후기에 활약한 관원 대장장이 오카치야마 나가사다(御勝山永貞)가 제작한 칼
칼날 길이는 77.3cm, 휨은 1.5cm.
사진 제공/쓰루기노야
http://tsuruginoya.com/

칼등 치기가 가능한 실력을 가진 사람이라도 실수는 한다. 어중간하게 칼을 뒤집다 평평한 면과 부딪치면 칼이 휘거나 꺾인다. 조금이라도 구부러진 칼은 내 경험상 휘둘렀을 때 느낌이 확실히 다르다. 그러면 칼이 본래 기능을 발휘하지 못한다.

칼등으로 칼날을 세우듯이 칼등 치기를 하면 어떨까? Q41처럼 물체에 부딪친 칼은 구부러진다. 그때 칼날에는 압축력이, 칼등에는 인장력이 발생한다. 단단하지만 무른 칼날은 압축에 강하다. 칼등은 끈끈한 재질인 철로 되어 있다. 칼등 치기를 하면 칼날에 큰 인장력이 걸린다. 칼날에는 미세한 톱니 모양이 있어(칼날에 이가 빠져 있으면 더욱 그렇다.) 인장력에 의해 쉽게 균열이 생기며 칼이 부러진다.

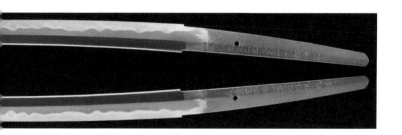

Question 20

칼로 상대 칼을 쳐 내는 요령은?

칼을 들고 정면에서 상대 눈을 겨누는 자세를 기준으로 하자. 칼은 베기도 하지만 찌르기도 하므로 중심선을 지켜야 한다. 공격을 되받아치거나, 상대 칼을 먼저 쳐서 빈틈을 만든 후 공격하는 것을 서로 노리고 있다.

위아래와 왼쪽, 오른쪽 중 두 방향을 조합해 그 방향으로 상대 칼을 비스듬히 쳐 낸다. Q18에서 보았듯이 양손을 서로 반대 방향으로 움직여 쳐 내는데, 쳐 내는 힘이 강한 쪽이 유리한 자세를 취할 수 있다. 결론부터 말하자면, 상대 눈을 겨누는 자세로 쳐 낼 때가 유리하다.

① 세로 방향에서는 강한 힘으로 쳐 낼 수 있다.

② 가로 방향에서는 약한 힘으로 쳐 낼 수밖에 없다.

상대가 칼 말고 다른 무기를 쓸 때도 마찬가지다.

수평보다 조금 세운 칼끝을 밀어 내리면서 상대 칼을 쳐 내면, 앞에 있는 오른손에는 미는 힘, 뒤에 있는 왼손에는 당기는 힘이 작용한다(그림1a). 오른쪽으로 쳐 내면 앞에 있는 손에는 오른 방향, 뒤에 있는 손에는 왼 방향 힘이 작용한다(그림1b). 여기서 팔이 내는 힘을 자세히 살펴보자.

근육 운동을 해 본 적이 있으면 알 수 있다. 팔을 몸통으로 끌어당기는 힘은 강하고(그림2a), 좌우로 벌리는 힘은 약하다(그림2b). 마찬가지로 벤치프레스 동작에서 미는 힘은 덤벨 플라이(그림2b를 벤치에 누워 위를 보고 한다) 동작에서 팔을 오므리는 좌우 방향 힘보다 훨씬 강하다.

이런 이유로 상대 칼을 가로에서 세로 방향으로 움직이며 내리누르듯 쳐 내면 엄청나게 유리하다. 그림3의 왼쪽 사람은 이 원리를 활용해 본인 칼이 상대 칼을 타는 듯한 자세를 만들고 있다. 이렇게 하면 상대는 꼼짝 못 하게 되고, 상대를 일방적으로 공격할 수 있다.

그림1 밀어 내릴 때와 쳐 낼 때 칼 움직임

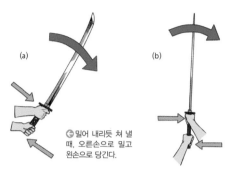

(a)

(b)

🔄 밀어 내리듯 쳐 낼 때, 오른손으로 밀고 왼손으로 당긴다.

🔄 오른쪽으로 쳐 낼 때, 오른손은 오른 방향, 왼손은 왼 방향으로 움직인다.

그림2 힘주기 쉬운 동작, 힘주기 어려운 동작

(a)

(b)

🔄 몸통 쪽으로 팔을 끌어당기는 힘은 강하다.

🔄 가로 방향으로 움직이는 힘은 약하다.

그림3 왼쪽 사람이 역학 원리에 따라 유리한 자세

🔄 왼쪽 사람은 세로 방향 힘으로, 오른쪽 사람 칼을 가로 방향으로 누르고 있다.

Question

21

Q20의 원리는
칼을 휘두를 때도 해당할까?

Q20 설명을 보면, 언뜻 칼을 위에서 아래로는 강하게 내리칠 수 있어도, 수평으로 베면 힘이 부족할 것 같다는 생각이 든다. 하지만 Q20에서 말한 내용은 어디까지나 상대 눈을 겨누는 자세로 칼을 쳐 낼 때다.

그림1처럼 상대를 마주 보고 왼쪽에서 오른쪽으로 수평 베기를 할 때, 몸통을 중심으로 양손은 가로 방향으로 거의 움직이지 않는다. 몸통에서 보면 오른손으로 밀고 왼손으로 당기는 형태가 된다. 또 다리의 큰 근육들 힘으로 허리와 상체를 돌리기 때문에 강한 힘이 난다. 야구 배트 스윙에서 허리 회전이 중요한 것과 마찬가지다.

칼을 수직으로 휘두를 때도 자신도 모르게 허리를 돌린다. 예를 들어 **그림2a**처럼 왼발과 왼 어깨를 앞으로 내민 자세에서 세로 방향으로 내리칠 때, 칼자루를 오른손으로는 밀고 왼손으로는 당기게 된다. 이때 **그림2b**처럼 뒤쪽 오른발을 한 걸음 내디뎌 오른 어깨는 앞으로, 왼 어깨는 뒤로 가는 자세로 옮긴다. 오른팔은 몸통을 중심으로 앞으로 이동하고, 중심이 되는 오른 어깨가 앞으로 나가며 강한 힘으로 칼자루를 앞으로 민다. 마찬가지로 왼손을 당기는 힘도 강해진다.

상대와 간격이 좁으면 양발 위치를 바꿔도 된다. 상대가 빠르게 돌진해 눈 깜짝할 사이에 간격이 좁아지면 오른발은 그대로 두고 왼발만 크게 당겨도 역시 양쪽 어깨 위치가 바뀐다. 양발 힘으로 허리를 돌려 그 움직임을 어깨에 전달하는 방식은 수평 베기와 같다.

단, 흥미로운 점은 허리를 돌린다고 의식하면, 상대에게 움직임을 쉽게 읽힐 수 있다. 직선으로 양쪽 어깨를 바꾼다고 의식하며 움직이는 편이 동작이 빨라 상대에게 움직임을 읽히지 않는다.

그림1 왼쪽에서 오른쪽으로 수평 베기

그림2 왼 어깨와 오른 어깨를 앞뒤로 바꿔 힘차게 내리치기

(a)

← 왼 어깨를 앞에, 오른 어깨를 뒤에 두는 자세를 취한다.

(b)

→ 오른발을 앞으로 내딛고, 오른 어깨를 앞으로 내밀면서 벤다.

코등이싸움에서 유리해지는 방법은?

코등이싸움이란 상대 칼을 코등이로 받거나 코등이를 서로 교차한 상태에서 밀어내는 기술이다. 상대에게 밀리면 자세가 무너져 상대가 순식간에 당긴 칼에 목이나 어깨를 베인다. 시대극에서 두 사람이 어깨에 힘을 주고 서로 마구 미는 장면을 볼 수 있는데, 이러면 힘센 쪽이 유리하다. 코등이싸움뿐 아니라, 모든 무술에서는 자신의 중심축을 지킨다는 생각을 해야 한다. 이번 질문에서는 고노 요시노리(甲野善紀) 세미나에서 배운 두 가지 기술을 역학 원리에 따라 해석해 본다.

① 양팔을 감아 칼자루를 몸에 밀착시켜 몸통 힘으로 상대 칼을 넘어뜨린다.

② 뒤에 있는 왼발을 발중(拔重)[21]하고 칼을 당겨 오른 무릎을 높게 들면서 상대 손목을 벤다.

상대 칼을 피하고자 자신도 모르게 팔에 힘을 주며 팔을 뻗으려 한다. 팔이 펴지고 내 칼과 상대 칼이 맞닿은 점이 본인에게서 멀어질수록 가로 방향 힘이 약해진다. ①을 보면, 오히려 양손이 몸에 딱 붙을 때까지 안쪽으로 감기도록 팔을 구부린다. 한 손은 칼자루를 꽉 잡고 다른 손안에서 칼자루를 부드럽게 돌린다.

이때 상대가 말려들게 하려고, 졌다는 표정을 지으며 팔을 감아도 좋지만, 그러면 상대방이 경계할 것이다. 그럴 때는 칼과 칼이 맞닿은 점 위치를 그대로 두고 본인이 다가가면서 팔을 감는다. 이렇게 팔심에 의존하지 않고, 몸통을 가로 방향이나 사선으로 숙이는 강한 힘으로 상대 칼을 무너뜨린다(그림1).

---

21 몸무게를 지탱하는 다리 전체 힘을 갑자기 빼는 기술

그림1 코등이싸움에서 이기는 방법 ①

◀ 힘에 의존한 코등이싸움에서는 힘이 강한 쪽이 이긴다.

◀ (오른쪽 사람)본인이 다가가면서, 양팔을 감아 칼자루를 몸에 딱 붙인다.

◀ 몸통 힘으로 상대를 넘어뜨린다.

다음 ②는 검도의 퇴격 손목 치기와 비슷한 기술이다(**그림2a**).

본인 칼은 상대방 칼을 향해 오른쪽에 있고, 오른발을 앞에 둔다. 우선 뒤쪽에 있는 왼발 힘을 잠시 발중한다. 상대가 미는 힘에 자연스레 밀리며 몸은 오른발이 디딜 땅 주변에서 뒤로 쓰러지듯이 회전하기 시작한다. 몸이 도는 힘을 양팔에 전달해 잽싸게 칼을 뒤로 당긴다. 당기는 거리는 상대 칼과 교차하지 않는 위치까지다.

왼발을 발중할 때 오른발로 땅을 차면 안 된다. 더 안 좋은 상황은 오른발을 아래로 차려고 의식한 나머지, 반동하듯 몸무게를 실어 강하게 차는 바람에 오히려 움직임이 느려지는 것이다. 왼발을 발중해 온 무게를 실은 오른발이 자동으로 땅을 찬다. 상대는 밀고 있는 칼이 한순간 사라진 것처럼 느낀다.

이렇게 민첩하게 당긴 칼로 상대의 오른 어깨(맞은편 왼쪽)를 베지만, 두 가지 문제가 발생한다. 하나는 거리가 너무 가깝다는 점, 또 하나는 몸이 뒤로 회전해 칼을 앞으로 내리치기 어렵다는 점이다.

이 두 가지 문제를 한 번에 해결하는 방법은 앞에 있는 오른 무릎을 드는 것이다(**그림2b**). 무릎 치기처럼 왼발을 용수철 삼아 몸을 돌리면서 무릎을 올리는 게 아니라, 왼발을 의식하지 않고 오른 무릎과 오른 어깨가 서로 끌어당긴다는 느낌으로 오른 무릎을 높게 들어 올린다.

그러면 무게 중심이 뒤쪽 왼발에 위치하며, 허리를 자연스럽게 뒤로 빼는 형태가 된다. 이때 거리에 여유가 생겨 칼을 내리칠 틈이 생긴다. 또 회전의자에 앉아 양쪽 팔을 왼쪽으로 흔들면 의자 전체가 오른쪽으로 도는데, 같은 원리로 힘 있게 오른 무릎을 올린다(왼발이 착지하는 땅 주변에서 뒤로 회전). 그러면 뒤로 도는 게 멈출 뿐 아니라 몸이 앞으로 쓰러지듯 돈다. 이 도는 힘을 팔에서 칼로 전달하면 빠르게 내려칠 수 있다. 상대는 사라진 칼이 반대 방향에서 나타나 베인 것으로 착각한다.

그림2 코등이싸움에서 이기는 방법 ②

(a)

A   B

↩
①뒤에 있는 왼발 A를 발중(拔重)한다.
②앞에 있는 오른발 B 주변에서 몸이 뒤로 돌려 한다.
③도는 힘을 이용해 칼을 당긴다. (칼을 빨리 당기면, ②회전은 거의 발생하지 않는다.)

(b)

A

↩
①뒷발 A의 발중(拔重)을 멈추면서 오른 무릎을 들어 올린다.
②뒤로 돌려던 몸이 A를 중심으로 앞으로 돌려 한다.
③회전하는 힘으로 칼을 내리친다.

칼로 베는 순간, 양손을 역방향으로 비트는 이유는 무엇일까?

첫째, 칼을 갑자기 멈추기 위해서다. 초보자가 무거운 진검을 죽도처럼 휘두르면 힘을 주체하지 못해 칼로 본인 무릎이나 바닥을 벤다. 실전이라면 즉시 패배(죽음)로 이어진다. 수건을 짜듯 손목을 뒤로 젖히면서(배굴) 강하게 부여잡는 것을 '차 수건 짜기(茶巾絞り)'라고 한다. 손목뿐 아니라 팔, 어깨, 가슴이나 등 근육까지 사용한다. 그러면 칼을 순간적으로 원하는 위치에 멈추게 할 수 있다.

둘째, 처음에는 칼날(Q36 참고)이 서 있어도, 베는 도중 칼날이 틀어지면 물건을 베지 못한다. 그러면 칼이 부러지거나 구부러진다. '차 수건 짜기'는 충격에 견디며 마지막까지 칼날을 바르게 유지하는 기술이다. 칼자루를 무턱대고 강하게 잡는 것을 '구소 니기리(くそ握り)'라고 한다. 볏짚은 한 번에 베야 하는데, 손목이 굳어 있으면 여러 방향으로 여러 번 베게 된다. 칼은 부드럽게 잡고 자기 마음대로 다루다, 베는 순간만 '차 수건 짜기'로 고정한다(그림1).

'양손을 역방향으로 짜면 힘이 사라져 칼날을 유지하기 어렵지 않을까?'라는 의문이 들지 모른다. 여기서 근육 단축 속도와 힘의 관계를 살펴보자(그림2). 단축 속도가 음수, 즉 외부 힘이 너무 강한 나머지 반대로 근육이 늘어나면 상당히 강한 힘이 생긴다. 칼날이 오른쪽으로 틀어질 것 같으면, 왼쪽으로 되돌리는 왼손 근육은 길이가 늘어나면서 수축하므로 상당히 강한 힘으로 저항한다. 외부 힘과 같이 오른쪽으로 쓰러지는 오른손 근육은 길이가 줄어들면서 수축하기 때문에 힘이 약해진다.[22] 이런 구조에 의해 칼날이 유지된다.

---

22 실제로 손가락 방향으로 당겨진 오른 손바닥 피부가 늘어져 힘은 더욱 약해진다.

그림1 일본도를 잡는 방법에도 기술이 필요하다

◀부드럽게 잡고 다룬다.

◀베는 순간 강하게 잡는다.

그림2 베이는 물체가 내는 힘 때문에 칼날이 오른쪽으로 틀어질 때, 양손으로 비트는 힘

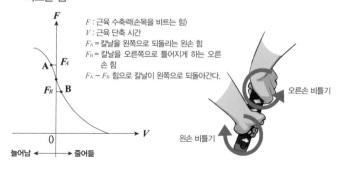

F : 근육 수축력(손목을 비트는 힘)
V : 근육 단축 시간
F_A = 칼날을 왼쪽으로 되돌리는 왼손 힘
F_B = 칼날을 오른쪽으로 틀어지게 하는 오른손 힘
$F_A - F_B$ 힘으로 칼날이 왼쪽으로 되돌아간다.

오른손 비틀기

왼손 비틀기

늘어남 ◀━━ ━━▶ 줄어듦

'차 수건 짜기(茶巾絞リ)' 뜻은 알겠는데, 손목 근육만으로 충분히 힘을 낼 수 있을까?

칼로 치려고 달려들 때 처음부터 칼날을 세우는 유파도 많지만, 야규신카게류(柳生新陰流)는 우선 갑옷 틈새로 보이는 목덜미에 칼을 꽂고, 칼날을 세워 밀거나 당겨서 벤다. 칼날을 내리치는 기세는 거의 없지만, 칼자루 잡기와 차 수건 짜기가 제대로 작동하면, 베는 맛이 훌륭하고 힘이 상당히 좋은 일본도로 상대를 정확히 벨 수 있다.

이 방법은 칼로 상대를 쓰러뜨릴 때도 사용한다. **그림1a**를 보면, 설명이라 약간 과장되었지만, 엄지손가락과 손바닥으로 끼우듯이 아주 가볍게 잡은 칼끝을 상대 칼자루에 살짝 댄다.[23] 이를테면 어떤 사람은 상대를 가격할 때 본인도 모르게 반동을 일으키거나 과하게 힘을 줘 기세를 올리기도 한다. 그렇게 하면 시간이 걸려 상대에게 들키고 만다. 지인 어깨에 살짝 손을 올려놓는 것처럼 하면 상대가 막기 어렵다. 칼을 대는 것도 같은 원리다.

겨냥한 곳에 칼이 닿으면 **그림1b**처럼 차 수건 짜기를 시작한다. 이때 차 수건을 짜듯 팔을 늘리는 힘을 이용한다. 위팔을 안쪽으로 움직이는(수평 굴곡) 대근육과 어깨세모근 앞부분, 팔꿈치를 늘리는(팔꿈치 신전) 위팔 세 갈래근 등 크고 힘센 근육이 동원된다(**그림2**).[24]

팔이 펴지면서, 칼자루를 잡은 양손은 자연스럽게 칼자루를 짜는 형태로 움직인다. 손목을 뒤로 젖힌다기보다(배근) 오히려 팔을 펴는 힘에 밀려 손목이 안쪽으로 구부러지지(장굴) 않게 Q23 **그림2**처럼 늘어나면서 수축하는 힘으로 안간힘을 다해 버틴다. 이렇게 버티는 칼끝 힘으로 상대는 앞으로 쓰러진다(**그림1c**). 힘의 바탕은 가슴, 어깨, 팔의 대근육이다.

---

23 진검으로 갑옷 차림의 상대 손목을 제압할 때도 같다.
24 상대를 앞으로 쓰러뜨리기 위해 칼을 당기면서 밀어 내릴 때는 넓은등근을 사용한다.

그림1 차 수건 짜기로 압력을 가한다[25]

(a)

◉ 칼자루를 가볍게 잡은 채, 칼을 상대 칼자루에 가볍게 댄다.

(b)

◉ 차 수건 짜기를 하면서 칼날을 세워 압력을 가한다.

(c)

◉ 상대는 앞으로 쓰러진다.

그림2 차 수건 짜기를 할 때 몸 움직임

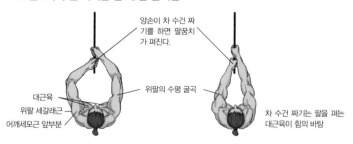

양손이 차 수건 짜기를 하면 팔꿈치가 펴진다.

대근육
위팔 세갈래근
어깨세모근 앞부분

위팔의 수평 굴곡

차 수건 짜기는 팔을 펴는 대근육이 힘의 바탕

25 오카모토 마코토(岡本眞) 사범의 시범을 그린 그림.

갑옷 검술과 맨몸 검술의 차이점은?

일본 전국 시대처럼 갑옷을 입고 싸우는 검술을 갑옷 검술(介者劍術),[26] 에도 시대처럼 일반 복장으로 싸우면 맨몸 검술(素肌劍術)이라고 한다. 옷이 아무리 두꺼워도 칼을 거의 막아 내지 못하므로 맨몸은 온몸이 과녁이 된다. 우선, 칼로 갑옷과 투구를 베는 것은 가능하지 않다. 상대가 칼을 팔뚝으로 막아 반격하거나 일부러 투구로 받아 내 칼을 부러뜨리는 것조차 가능할 정도다. 갑옷을 입은 상대를 쓰러뜨리기 위해서는 드러난 얼굴 혹은 갑옷 두께가 얇은 쪽인 목이나 뒷무릎을 노리거나 겨드랑이나 두 다리 사이를 아래에서 쳐올려야 한다(그림1). 팔과 다리 쪽 대동맥을 베면 엄청나게 많은 피가 나온다.

갑옷과 투구를 다 합친 무게는 오요로이(大鎧, 헤이안 시대~가마쿠라 시대)와, 갑옷 무게를 줄이고자 했던 도세이구소쿠(当世具足)[27]사이에 차이가 있긴 해도 20~30kg 이상이다. 이래서는 맨몸 검술처럼 민첩하게 움직이지 못하므로 허리를 낮춰 안정된 자세를 잡는다. 벨 수 있는 부위도 정해져 있어 무리해서 베려 하면, 살짝만 어긋나도 아무런 효과가 없다.

그래서 코등이싸움을 하거나, 몸이 맞닿은 상태에서 상대 자세를 무너뜨려 갑옷 틈새로 칼을 꽂아 목을 벤다. 자세를 무너뜨리는 기술은 태극권 추수(推手)와 비슷하지만, 양발을 디뎌 근력으로 미는 게 아니라 엉덩관절을 (실제로는 무릎과 발목도 함께) 부드럽게 사용해 허리 위치를 움직이며 상체로 상대 힘을 받아넘겨 쓰러뜨린다(그림2). 상대 양발을 연결하는 선에 대해 직각으로 상대를 밀면, 약한 힘에도 상대는 쓰러진다.

앞서 말했듯이 상대가 칼을 팔뚝으로 막더라도, 칼을 섬세하게 다루는 고급 기술을 써서 상대 양발을 연결하는 선 앞으로 쓰러뜨릴 수 있다.[28]

---

26 介(개)는 貝(패)와 마찬가지로 갑옷을 가리킨다.
27 오요로이(大鎧)와 달리, 현대식 갑옷이라는 뜻이다.
28 Q24 그림1 참고.

그림1 갑옷을 입은 상대의 약점

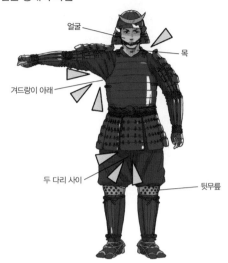

얼굴

목

겨드랑이 아래

두 다리 사이

뒷무릎

그림2 갑옷을 입은 상대를 쓰러뜨리는 방법

⬆ 상대 양발을 연결하는 선에 대해 수직으로 밀어 쓰러뜨린다.

Question 26 치러 들어온 칼을 부드럽게 받아넘기는 방법은?

오른발을 앞에 두고 상대 눈을 겨누는 자세를 하고 있는데, 상대가 위쪽에서 내리치려 한다(**그림1a**). 제대로 맞으면 칼날 이가 나가거나, 상대 칼이 무겁다면 내 칼이 부러질 수도 있다. 그래서 이번 질문에서는 칼을 부드럽게 받아넘기는 기술을 소개하려 한다.

상대 공격에 맞춰, 뒤쪽 왼발을 왼쪽 앞으로 약간 내디딘다. 내디디는 거리는 상대와의 간격에 따라 달라진다. 동시에 왼쪽 앞으로 이동하면서 칼자루를 부드럽게 쥔 양손을 앞쪽으로 들어 올린다(**그림1b**). 칼이 자연스럽게 몸통 오른쪽을 방어하는 위치에 오기 때문에 칼 옆면으로 상대 칼을 비스듬히 받아넘긴다. 다음 순간, 들어 올린 칼을 그대로 내리치며 반격한다(**그림1c**).

그때 효과를 역학 원리에 따라 분석해 보자.

그림2a처럼 상대 칼이 치러 들어오는 속도 v(예를 들어 시속 $100km/h$, 이하 단위 생략)를 각도 $\theta(25°)$로 받았다고 하자. 상대 칼에 수직으로 맞으면 상대 칼 속도는 훨씬 느린 $v_1 = 100 \times \sin25° = 42$가 되고, 막으면서 내 칼이 조금 휘어지지만, 충격은 상당히 완화된다. 칼에 평행한 속도 $v_2 = 100 \times \cos25° = 91$은 칼 옆면을 미끄러져 내려가는 속도라 충격이 되지 않는다.

그림2b처럼 왼쪽 앞으로 깊숙이 파고들어, 공격을 받는 칼이 왼쪽으로 $V(= 10$으로 한다)만큼 움직이면, 각도가 θ보다 작은 θ'로 변하기 때문에 상대 공격을 손쉽게 받아넘길 수 있다. 중간 계산을 생략하고 결과만 제시하면 $v_1' = 38$이다.

맹렬히 싸우다 떨어져 나간 칼날 철분이 칼끼리 마찰해 생기는 열에 타 버린다. 말 그대로 불꽃 튀는 싸움이 현실이 된다.

그림1 일본 전통 고류 검술(古流劍術)의 민첩하게 칼 쓰는 솜씨

(a)

◉ 오른발을 앞에 둔다.

(b)

(c)

◉ 왼발을 왼쪽 앞으로 비스듬히 옮기면서 위에서 내려오는 칼을 피해 받아 넘긴다.

◉ 그대로 내리치며 반격한다.

그림2 충격이 감소하는 이유

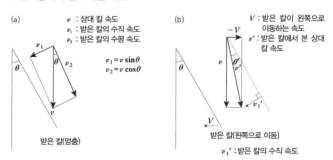

(a)

v : 상대 칼 속도
v_1 : 받은 칼의 수직 속도
v_2 : 받은 칼의 수평 속도

$v_1 = v \sin\theta$
$v_2 = v \cos\theta$

받은 칼(멈춤)

(b)

V : 받은 칼이 왼쪽으로 이동하는 속도
v' : 받은 칼에서 본 상대 칼 속도

받은 칼(왼쪽으로 이동)

v_1' : 받은 칼의 수직 속도

비스듬히 받는(a) 것만으로도 효과가 있다. 왼쪽으로 이동하면(b),
각도가 θ보다 작은 θ'가 되기 때문에 더 좋은 효과가 있다.

Question 27
이도류(二刀流)는 역학 원리에 따라 얼마나 유용할까?

이도류(二刀流)하면, 큰 칼을 오른손에 작은 칼을 왼손에 잡고 싸운 '니텐이치류(二天一流)'의 미야모토 무사시(宮本武藏)가 유명하다. 그런데 '칼 두 자루를 들고 싸우는 게 가능할까?'라는 의문이 든다. 무사시는 예순 번 싸워 모두 승리했는데, "사사키 코지로(佐々木小次郎)와 벌인 결투를 포함해 칼 두 자루로 싸운 적은 거의 없다. 진검 두 자루로 싸우는 건 상당히 힘들다."라고 말하는 검술사도 있다. 사실인지 아닌지를 떠나, 이도류(二刀流)의 장단점, 특히 원래 양손으로 다루어야 하는 큰 칼을 한 손으로 다루는 게 가능한지 역학 원리에 따라 분석해 보자.

이도류의 장점(①과 ②)과 단점(③과 ④)은 다음과 같다.

① 칼 두 자루를 쓰면 방어 범위가 넓어진다.

② 칼 두 자루를 함께 써서 공격과 방어를 하거나, 한 자루로 방어하면서 나머지 한 자루로 공격할 수 있다.

③ 한 손으로 잡은 칼자루에는 돌림힘을 조금밖에 줄 수 없어, 칼로 상대 칼을 제압할 때 불리하다.[29]

④ 한쪽 팔심으로만 칼을 휘두르면 속도가 느리다.

①에 대해서 살펴보면, 무사시 초상화에 자주 등장하는 **그림3a** 자세는 칼 두 자루를 늘어뜨리고 서 있는 것처럼 보이지만, 아랫몸 양쪽을 빈틈없이 방어하고 있어 위쪽 공격만 허용한다. 즉, 위쪽 공격을 유도하는 자세다.

②를 보면, 상대가 두 칼로 한 방향에서 나란히 내리칠 때, 칼 한 자루로는 상대 공격을 막기 어렵다. 또 **그림1a**처럼 두 칼 사이에 창을 끼우면, 상대가 가로 방향으로 움직이지 못하도록 상대를 억눌러 통제할 수 있다.

---

29 Q44 그림2 참고.

그림1 창을 상대로 이도류(二刀流)의 장점을 살린다

(a)

↩ 내 몸 가운데 부분을 찌르는 상대 창을 칼 두 자루로 제압한다. 창은 가로 방향으로 움직이지 못한다.

↩ 상대가 위에서 찔러도, 칼 두 자루로 부드럽게 막아 낸다.

(b)

(c)

↩ 두 칼 사이에 낀 창을 한쪽으로 끌어 내린다.

↪ 큰 칼로 누른 채 작은 칼로 반격한다.

(d)

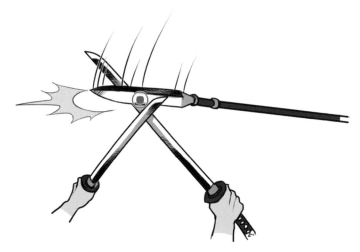

⬆ 어느 쪽 칼이든 창에 비스듬히 맞으므로 충격이 약하다.

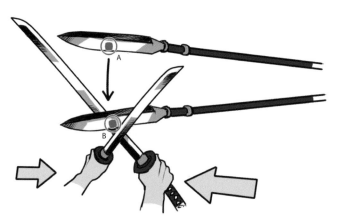

⬆ 양손 간격을 좁히면, 점 A부터 B까지 옴폭한 쿠션으로 받듯 창을 부드럽게 받아 낼 수 있다. 점 B는 코등이에 가까워 힘에 부치지 않는다.

창으로 위에서 힘 있게 찌를 때도 칼 두 자루를 비스듬히 맞대면 창을 부드럽게 받아 낼 수 있다(**그림1b**).[30] 양손 간격을 좁히면서 받아 내면, 칼 두 자루 모두 코등이 쪽에서 서로 닿는다(코등이로 받아 낼 때 좋은 점은 **그림 2와 3**을 참고). 다음으로, 두 칼 사이에 낀 채로 창을 옆쪽으로 끌어 내리거나(**그림1c**), 큰 칼로 창을 제압한 채 작은 칼로 반격할 수 있다(**그림1d**).

③에 대해서는, 한 손으로 칼자루를 잡고 칼끝을 가로 방향이나 세로 방향으로 휘두르면 돌림힘이 약하지만, 양손으로 휘두르면 돌림힘이 훨씬 세진다.[31] 한 손과 양손으로 낼 수 있는 돌림힘 최댓값을 각각 N_s, N_b라고 하자. N_s는 N_b보다 훨씬 약하다. 한 손 또는 양손으로 잡은 칼을 서로 반대 방향으로 쳐 낼 때, 제대로 붙으면 한 손은 반드시 양손에 진다. 하지만 **그림2**의 부등식을 만족하는 조건(코등이로 상대 칼끝을 친다.)이라면 한 손도 이길 수 있다.

④에 대해서는, 칼을 크게 휘두를 때 허리를 돌리거나 온몸의 힘을 사용한다면 한 손이라도 제법 속도를 낼 수 있다. 하지만 아래쪽에서 잡은 큰 칼을 칼끝을 세워 위쪽으로 휘두르면, ③에서 설명한 약한 돌림힘으로는 민첩하게 움직이지 못한다. 야구 방망이를 한 손으로 휘두르거나 (다른 쪽)손목 힘으로만 돌려 보면 실감할 수 있을 것이다.

이어서 단점을 보완할 수 있도록 칼을 다루는 법을 살펴보자(**그림3**). **그림 3a**처럼 아래쪽 자세로 서 있는데, 오른쪽에 있는 상대가 빈틈을 노리고 위쪽에서 내리친다고 하자. 뒤로 이동해 상대 칼을 피하면서 왼쪽 작은 칼로 상대 칼을 제압한다. 코등이로 상대 칼끝을 제압한다는 사실에 주목하자. 동시에 큰 칼을 잡은 오른손을 들어 올려(**그림3b**), 휘두르듯이 내리친다(**그림 3c**). 손목을 돌리는 힘은 칼끝 방향을 미세하게 조정하는 정도로 사용한다.[32]

이도류가 유리하면 모두 이도류가 되려 하겠지만, 실제로 일도류가 더 많다. 결국 일도류든 이도류든 각 기술의 특성을 체득한 사람이 강하다는 뜻이다(**그림4**).

---

30 Q26 그림2 참고.
31 Q45 그림4 참고.

그림2 한 손으로 이기는 기술

돌림힘 방향

N_s

N_b

돌림힘 방향

L_s L_b

$L_s < \dfrac{N_s}{N_b} L_b$라면 한 손으로도 이긴다.

코등이로(L_s가 짧음) 상대 칼끝(L_b가 긺)을 쳐 내면 한 손으로도 이긴다.

그림3 한 손으로 큰 칼을 다루는 방법

(a)

아래쪽 자세를 상대로 위에서 내리친다.

(b)

몸놀림으로 상대 공격을 피하고 왼쪽 작은 칼로 상대의 큰 칼을 제압하면서(그림2 조건을 지킴) 오른손을 들어 올린다.

(c)

큰 칼을 휘두르듯이 상대 위쪽을 반격한다.

그림4 어떤 사람이 이도류에 알맞을까?

➜ 체격이 크고 힘이 세면 칼 두 자
루를 민첩하게 다룰 수 있다.

Question 28
죽도로 상대를 쓰러뜨릴 만큼 '묵직하게' 치는 방법은?

실제 검술에서는 칼로 칼을 제압하는 게 엄청나게 유리하다. 기술 세미나에서는 목도를 쓰면 위험해 죽도를 사용한다.

고노 요시노리(甲野善紀) 선생님의 시범을 보면, 양 끝을 잡은 죽도를 머리 위쪽에 수평으로 올린 자세를 하고 공격을 받은 사람은 대부분 쓰러진다(**그림1**). 실제 싸움이라고 생각하고, 상대 목을 오른쪽에서 베듯 죽도를 맞부딪치면 상대는 순식간에 무너진다.

죽도 질량을 0.5kg, 중심 속도를 30m/s(= 108km/h)로 하고 Q07과 같은 계산식으로 풀면 운동량은 15kgm/s가 된다. **그림1**에 있는 남자(체중 75kg)가 정면에서 날아오는 죽도를 수평으로 받고 휘청거리며 물러나는 속도는 15kgm/s÷75kg = 0.2m/s밖에 되지 않는다. **그림2a**에서는 상대도 죽도를 반대 방향으로 치며 들어오기 때문에 거의 비슷한 힘으로 공격을 막아 낼 것이다. 상대를 무너뜨릴 만큼 '묵직한' 힘이 나지 않는다.

묵직하게 치는 원리는 Q07의 뿌리치지 못하는 지르기와 마찬가지로, 죽도를 휘두르기 위해 근육이 만들어 낸 에너지를 가벼운 죽도에 모두 쏟아붓는 게 아니라, 죽도보다 훨씬 무거운 양팔이나 몸통의 운동 에너지로 남겨 두는 것이다(**그림2b**).[33] 에너지가 같아도 상대에게 전해지는 운동량(= 상대에게 주는 충격량)은 훨씬 많아진다.

이런 많은 운동량을 죽도에 실어 강한 힘으로 상대에게 전달하는 데는 요령이 필요하다. Q18에서 설명했듯이, 양손 간격을 넓혀 죽도를 잡고[34] 가능하면 죽도 코등이로 상대 칼끝을 받는다. Q20에서 설명했듯이, 본인 죽도가 힘이 나아가는 세로 방향으로 움직이도록 자세를 잡으면서 상대 죽도를 가로 방향으로 내리누르면 상대를 제압할 수 있다(**그림2c**).

---

33 죽도 속도는 조금 느려진다.
34 한 손이라면, 원칙에 따라 이 기술은 가능하지 않다.

그림1 왜 받아 내지 못하는 걸까?

⬆ 이 상태로는 쉽게 받아낼 것이라 예상한 죽도에 맞고 날아가 버린다.

그림2 묵직하게 쳐서 상대방을 무너뜨린다

(a)

⬅ 죽도끼리 맞부딪친 것이라면 이 상태에서 멈춘다.

(b)

⬆ 팔과 몸통에서 나오는 많은 운동량을 상대 죽도에 전달한다.

(c)

⬆ 죽도를 세로 방향으로 움직여, 코등이로 상대 죽도를 가로 방향으로 눌러 내린다.

사츠마(薩摩)에 전해지는 '야쿠마루지겐류 (藥丸自顯流)' 위력의 비밀은?

야쿠마루지겐류(노다치지겐류라고도 한다.)는 사츠마(가고시마현) 지겐류(示現流)와 같은 계통이지만, 방어를 고려하지 않고 공격한다는 특징이 있다. 특히 단 한 번의 공격에 모든 것을 거는 실전 검술이다(그림1). 싸움터에서 사용하는 칼은 노다치(野太刀)이다. 칼날 길이가 3척(90㎝) 이상이나 되는 길고 무거운 칼이다. 맹렬한 속도로 날아오는 노다치를 보통 칼(약 70㎝)로 받아냈더니 코등이가 이마로 파고들어 즉사했다는 이야기가 있을 정도로, 노다치는 위력이 있다. 신센구미(新選組)의 곤도 이사미(近藤勇)조차 첫 칼은 피해야 한다며 두려워했다고 한다. 대표 기술인 위쪽에서 파고드는 '가카리(掛り)'를 역학 원리에 따라 분석해 보자.

칼을 수직으로 높게 잡은 자세로 적과 몇 미터 떨어진 위치까지 온힘을 다해 달리다가 적당한 간격이 되면 오른발로 앞쪽 땅을 디디며 버틴다. 버티는 동작에 의해 칼이 빨라진다. 이 원리는 다음과 같다.

그림2처럼 왼쪽으로 움직이는 가늘고 긴 물체의 아래쪽이 갑자기 멈추면 물체 한가운데 속도는 떨어지지만 도는 힘이 작용해, 반대로 물체의 위쪽은 빨라진다. 이는 『격투기의 과학』에서 해설한 '벽 만들기' 효과다. 육상경기인 창던지기에서, 달려온 선수가 앞발을 디디면서 높게 쳐든 창을 빠르게 던지는 것과 마찬가지다.

'벽' 효과를 활용해 칼을 갑자기 빠르게 바로 내리치라는 가르침은 많다. 아래 두 가지를 고려해 하체를 이용한다.

① 허리를 정면으로 향한 채, 앞에 있는 오른발을 뒤꿈치부터 닿게 착지한다.

② 착지할 때, 뒤에 있는 왼발과 앞에 있는 오른발을 연결하는 선이 앞으로 나아가는 방향과 일치하도록 한다(그림3).

그림1 야쿠마루지겐류(薬丸自顕流)에서 첫 칼을 휘두르는 방법

⬆️ 몸통이 세로 방향으로 회전하는 힘을 노다치(野太刀)에 전해, 노다치를 갑자기 빠르게 돌리면, 칼끝에 체중이 실리는 걸 느낄 수 있다.

⬆️ 몸 한가운데 선을 내리친다.

⬆️ 달리는 힘이 앞발 '벽'에서 세로 방향으로 도는 힘으로 바뀐다. 몸을 가라앉히며 베어 내린다.

이어서 아래 네 가지를 고려해 양손으로 칼을 잡는다.

③ 칼은 가능한 한 높게 잡는다.

④ 칼자루는 양손을 넓게 벌려 잡는다.

⑤ 칼을 휘두르려고 왼손을 먼저 내밀어서는 안 된다.

⑥ 휘두르는 동안 왼 무릎은 몸 한가운데 선을 벗어나지 않는다.

①을 살펴보면, 앞발로 착지할 때는 **그림2**처럼 '벽을 만드는' 게 목적이므로 강하게 버텨야 한다. 오른 허리가 앞으로 나가는 이유는, 버티는 힘이 약해 오른 무릎이 쿠션처럼 굽었기 때문이다. 상대에게 뛰어 다가갈 때와는 관계없이 까치발로 착지하면 발목이 쿠션이 되어 강한 '벽'이 만들어지지 않는다.

②는, 순수한 세로 방향 회전을 만들기 위해서다. 오른발, 무게 중심, 왼발을 한 선 위에 나란히 놓는 게 가장 좋다. 오른발을 딛는 지점이 오른쪽으로 쏠리기 쉬운데, 그러면 몸이 오른쪽으로 돌아가 왼 어깨가 앞으로 나오게 되면서 칼을 똑바로 내리치지 못한다.

③은, **그림2**에서 점 A 위치가 높을수록 회전 중심 P로부터 거리(= 회전 반지름)가 멀어지면서 속도가 빨라지기 때문이다.

④는, 몸통이 갑자기 도는 힘을 칼에 전달할 때, 오른손은 칼자루를 미는 힘을 내고 왼손은 당기는 힘을 낸다. 양손 간격이 넓으면 칼을 앞으로 돌리는 힘이 세진다.[35] 계산은 약간 복잡하지만, 양손 사이 폭 b가 넓을수록 칼을 앞으로 돌리는 힘이 세다는 점에 주의해야 한다. 돌림힘이 부족하면 칼이 앞으로 회전하지 못해 칼자루가 먼저 나간다(**그림4**).

⑤는, ④에서 말한 왼손으로 칼자루를 당기는 힘의 반작용으로, 왼손이 칼자루에 끌려 앞으로 나가는 걸 경고하는 가르침이다. 왼손 위치를 유지해야 칼자루를 당기는 강한 힘이 나온다.

⑥은, 이 유파에서 '왼 팔꿈치 끊기'라고 부르는 기술이다. '왼 팔꿈치 앞쪽이 끊어져 없어지면, 잘리고 남은 팔꿈치가 움직이지 않도록 왼 팔꿈치를 몸 한가운데 선에서 벗어나지 않게 하라.'라고 경고한다. 이렇게 하면 왼쪽 팔뚝과 칼이 일직선이 되어 똑바로 내리칠 수 있다. 그 결과, 베이기 쉬운 왼 손목이 마치 칼의 그림자처럼 칼 뒤로 숨게 되어 이롭다.

---

35 Q45 그림4는 이를 단순하게 한 것.

그림2 '벽' 효과

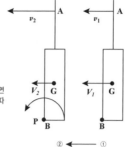

➡️ 모서리 B가 점 P '벽'에서 갑자기 멈추면 중심 G의 속도는 떨어지지만, 도는 힘에 따라 윗부분인 A는 갑자기 빨라진다.

그림3 오른발을 딛는 지점

☝️ 오른발은 중심 G가 나아가는 쪽으로 향해 앞쪽에 있는 B에 딛는다. B'처럼 오른쪽으로 기울인 채 디디면 B' 주위에 회전이 생겨 몸이 오른쪽을 향한다.

그림4 칼을 강하게 내리치는 원리

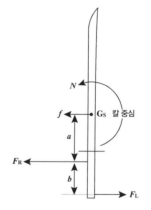

F_R : 칼자루를 오른손으로 미는 힘
F_L : 칼자루를 왼손으로 당기는 힘
오른손 힘과 왼손 힘의 차이
$$f = F_R - F_L$$
로 인해 칼 중심이 빨라진다.
오른손을 돌리는 힘과 왼손을 돌리는 힘의 차이
$$N = F_L(a+b) - F_R\,a$$
$$= (F_L - F_R)a + F_L\,b$$
$$= fa + F_L\,b$$
로 인해 칼이 중심 G_S 주위로 회전한다.
양손 간격 b가 좁으면 돌림힘 N이 약해져, 칼을 앞으로 내리치지 못한다.

야쿠마루지겐류(薬丸自顕流)의
강한 점은?

야쿠마루지겐류(薬丸自顕流)를 대표하는 기술은 '누키(抜き)'다. 위쪽에서 파고드는 '가카리(掛り)'와는 반대로, '누키'는 칼을 칼집에 넣은 채 달리다 칼을 뺌과 동시에 아래에서 상대 두 다리 사이를 베는 기술이다(그림). 보통 위에서 공격하는 건 잘 보이는 데 반해, 아래에서 공격하는 건 잘 보이지 않는다. '누키' 역시 매우 날쌔 상대가 받아 내기 힘들다.

'가카리'와 마찬가지로, '누키'도 달려가는 기세를 이용해 세로 방향으로 돈다. 아래에서 베어 올리는 기술이므로, 적에게 달려가면서 오른손으로 칼자루를 잡는 순간 칼을 돌려 칼날이 아래로 가게 한다. 상대와 적당히 가까워지면 몸을 앞으로 숙이고 오른발을 디디면서 몸 한가운데 선을 따라 칼을 뺀다. 앞으로 숙인 자세로 인해 오른손과 왼 허리 위치가 멀어지고 칼은 자연스럽게 빠진다.

칼을 다 빼면, 동시에 내디딘 오른발을 착지해 버틴다. 물론 오른발, 중심, 왼발이 한 선 위에 나란히 놓이도록 한다. 여기서 몸이 세로 방향으로 돌며 상체가 더욱 앞으로 기울어진다. 이때 높은 위치에 있는 오른팔과 오른 어깨가 앞쪽으로 갑자기 빨라지는데, 이 움직임을 이용해 칼을 베어 올린다. 칼은 '가카리'와 마찬가지로 몸 한가운데 선을 따라 이동한다.

'가카리'도 '누키'도 원숭이 울음소리처럼 카랑카랑한 소리를 내면서 달려가 상대 칼을 튕겨 내면서 힘껏 벤다. 베이면 바로 죽는다. 이런 사나운 기세에 적은 간이 떨어질 만큼 놀란다.

하지만 머뭇거리다 기술을 걸지 못하거나 움직이고 있는 적과의 거리를 틀리게 재어 오른발을 잘못 디디면 첫 칼은 빗나간다. 강도 높은 수련을 통해 정신력과 기술을 닦아야 비로소 이 유파의 검이 본래 위력을 발휘한다.

그림 야쿠마루지겐류(薬丸自顕流)의 아래에서 공격하는 기술

➡️ 적을 향해 달려가면서
칼을 뽑는다.

➡️ 칼을 다 빼냄과 동시에
오른발을 착지한다.
그림은 오른발을 딛기 바로
전 모습이다.

⬆️ 몸이 세로 방향으로 돌며 어깨가 앞쪽으로
갑자기 빨라지는 걸 이용해 베어 올린다.

⬅️ 칼은 수직으로 베어 올린다.

칼로 상대 눈을 겨누며 나아갈 때, 손을 떨지 않고 균형을 잡는 방법은?

보통 사람이 칼을 앞으로 겨누고 걸을 때는 칼이 흔들려 자세가 흐트러진다. 예를 들어 오른발을 대디딜 때는 오른쪽으로 흔들린다. 하지만 검술사는 앞으로 잡은 칼을 흔들지 않으며 걷고, 맨손으로 겨루는 무도인도 양손을 조금도 움직이지 않은 채 걷는다. 양손을 떨지 않고도 발 각운동량과 균형을 잡는 비법을 체득한 것이다. 실제 착지한 발이 땅에서 받는 돌림힘(차는 방향과 반대)이 저절로 각운동량을 조정한다. 다음과 같이 돌림힘이 생긴다.

① 양발을 좌우로 10cm 정도 벌려 걷는다.

② 필요하면 착지 동작 후반부에 뒷발을 약간 안쪽으로 찬다.

③ 발바닥 전체를 지면에 대고 엉덩관절을 돌리는 힘을 이용한다.

①에 대해 살펴보면, **그림1**은 걸어 다닐 때 오른발이 땅에서 수평 방향(앞뒤 방향)으로 받는 힘을 시간 흐름에 따라 나타낸 것이다. 디딘 발은 착지 동작 전반부에 땅을 앞으로 차면서 제동을 걸고, 후반부에 땅을 뒤로 차며 다시 속도를 높인다. 발이 받는 힘은 뒤를 향한다. **그림2**는[36] 위에서 내려다보고 돌림힘을 표시한 것이다.

그림2a는 오른발 착지 동작 전반부다. 자신도 모르게 땅을 앞으로 차기 때문에[37] 발에는 뒤 방향 힘 F_1이 작용한다. 이 힘은 중심에서 좌우 방향 거리 l만큼 떨어져 있어(한 방향으로 곧게 쭉 걸으면 $l = 0$), 오른쪽으로 돌림힘 $N_1 = F_1 l$이 생긴다. 같은 원리로 착지 동작 후반부(**그림2b**)에는 왼쪽으로 돌림힘이 생긴다.

②도 자신도 모르게 찬 것이다. **그림2c**처럼 중심에서 떨어진 거리 L이 길

---

36 각운동량 변화와 돌림힘의 관계는 매우 복잡해서 돌림힘에만 주목했다.
37 인식하면서 걸어차면 어색해지므로 역효과가 난다. 스스로 알아채지 못할 정도로 찬다.

어져 돌림힘이 세진다. ③도 인식이 없는 동작으로, 엉덩관절 큰 근육이 발을 통째로 비틀면 반대 방향으로 돌림힘이 생긴다(그림3).

그림1 걸어 다닐 때 빨라지고 느려지는 속도

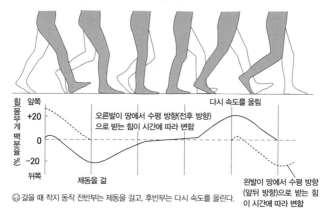

힘(몸무게 백분율 %)

앞쪽 +20

오른발이 땅에서 수평 방향(전후 방향)으로 받는 힘이 시간에 따라 변함

다시 속도를 올림

0

−20 뒤쪽

제동을 걺

왼발이 땅에서 수평 방향(앞뒤 방향)으로 받는 힘이 시간에 따라 변함

⬆ 걸을 때 착지 동작 전반부는 제동을 걸고, 후반부는 다시 속도를 올린다.

그림2 땅에서 오른발로 전해지는 돌림힘

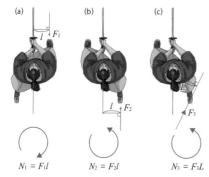

(a) l F_1

(b) l F_2

(c) L F_3

$N_1 = F_1 l$

$N_2 = F_2 l$

$N_3 = F_3 L$

🔄 (a) 착지 동작 전반부에는 오른쪽으로 돌리는 힘
(b) 후반부에는 왼쪽으로 돌리는 힘
(c) 착지 동작 마지막에는 약간 안쪽으로 차는 만큼 돌림힘이 세진다.

그림3 착지한 발이 비틀어지는 이유는?

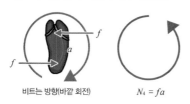

f

a

f

비트는 방향(바깥 회전)

$N_4 = fa$

🔄 착지한 오른발을 바깥쪽으로 비틀면(바깥 회전), 발가락 끝과 뒤꿈치에 힘 f가 작용해 돌림힘 N_4가 생긴다. N_4는 그림2의 l과 상관없지만, 발바닥 전체로 땅을 디뎌야 한다.

'거합'으로 재빨리 칼을 뽑는 원리는?

거합(居合:이아이)은 칼집에 든 칼을 잽싸게 빼내는 동작이 베는 동작으로 이어지는 기술이다. 일본 검술이 가진 고유한 기술로, 알맞게 휜 칼과 칼집의 구조, 그리고 그것을 허리에 차는 방법을 활용한다. 서부극에서 총잡이가 총을 뽑듯, 상대보다 먼저 칼을 빼면 이긴다. 게다가 상대가 먼저 칼을 뽑더라도 거합으로 이길 수 있다. 실제 칼 길이와 뽑은 칼 길이를 알 수 없다는 점도 이로운 점이다.

허리에 찬 칼은 허리띠 사이를 앞뒤(길이 방향)로 미끄러져 허리띠와 칼집이 맞닿은 부분을 중심으로 자유롭게 방향을 바꿀 수 있다. 칼이 칼집에서 쉽게 빠지지 않도록 칼 몸과 손잡이 사이를 '하바키'라는 쇠붙이가 감싸고 있다. **그림1**처럼 칼이 쉽게 빠지도록 먼저 왼손 엄지손가락으로 코등이를 밀어 칼을 1~2cm만 빼 둔다. 칼집 아가리를 늦추어 두는 것이다. '하바키'가 있어 엄지손가락이 칼 몸에 닿아도 다치지 않는다. 거합은 칼 구조를 최대한 활용한 기술이다. 다음은 칼을 민첩하게 빼는 데 없어서는 안 될 요소다.

① 상대가 쉽게 알아차리지 못하는 움직임이어야 한다.

② 베는 에너지를 그대로 칼에 공급해야 한다.

● 칼을 빼는 건 의외로 어렵다

정확한 동작과 비교하기 위해 '기술'이라고 표현하기에 다소 무리가 있는 초보자의 거합을 살펴보자(**그림2**). ①과 ②를 충족하지 못하고 있다. 우뚝 서서 오른손으로 칼자루를 적당히 쥐고 빼려 하지만 칼집 아가리를 늦추지 않아서 칼을 뽑는 동작으로 이어지지 않는다(**그림2a**). 칼이 길면 팔 길이가 충분치 않아 못 뺀다(**그림2b**).

그림1 칼집 아가리를 늦추는 방법

↩ 왼손 엄지손가락으로 칼집 아가리를 늦춘다. 칼날이 위에 있어 오른손으로 칼자루를 아래에서 잡으면 바로 벨 수 있다. 또 오른 팔꿈치가 내려와 있어 오른 손목은 베이지 않는다.

그림2 칼을 빼기는 꽤 어렵다

(a)

↩ 우뚝 서서 오른손만으로 칼을 빼려는 초보자. 칼자루를 옆으로 잡아 칼날이 서지 않는다. 또 오른 팔꿈치가 올라가 오른 손목을 베일 수 있다.

(b)

↩ 오른팔을 쭉 펴도 칼이 안 빠진다. 뺀다고 해도 다 펴진 팔로는 칼에 에너지를 공급할 수 없다.

칼을 뺐다고 해도 칼을 잘못 잡고 있으므로 다시 고쳐 잡든지, 아니면 그냥 칼날이 서 있지 않은 채 베야 한다. 빼는 동작이 느릴 뿐 아니라 칼자루를 잡은 각도가 잘못되어 움직임이 잘 보이는 오른 손목이 상대에게 노출된다. 실전이라면, 칼을 다 빼기도 전에 오른 손목이 베인다. 빼낸 칼에 기세가 부족해 공격도 힘 있게 되지 않는다.

초보자는 우뚝 선 채 오른손으로만 칼을 빼려 했으므로 동작이 어색해졌다. 이와 반대로 숙련된 사람은 오른손을 사용하지 않고 온몸을 활용해 칼과 칼집 위치를 상대적으로 '뺀' 상태로 만든다. 물론 실제로는 오른손 움직임도 중요하지만, '오른손으로 뺀다.'라고 의식하면 거합을 원활히 실행할 수 없다.

● '왼 허리'와 '오른 어깨'의 움직임으로 뺀다

양손을 전혀 쓰지 않고 칼을 빼는 시범을 살펴보자(**그림3**). **그림3a**의 준비 자세를 보면 등을 조금 둥글게 말면서 허리를 구부린다(**그림3b**). 왼손을 쓰려 의식하지 않아도 자연스럽게 칼이 앞으로 미끄러진다. 오른손도 상체 움직임에 따라 칼자루를 마중하도록 움직여, 그대로 칼자루를 아래에서부터 잡는다.

이어서 가슴을 펴듯 구부러진 등을 펴면서 왼 허리를 당기고 오른 어깨를 앞으로 내밀면, **그림3c**처럼 칼을 절반 이상 뺄 수 있다. 양손 모두 몸통에 비해 움직임이 거의 없어 칼 빼는 동작을 상대가 간파하지 못한다. 게다가 **그림3c**처럼 오른 팔꿈치가 충분히 구부려져 있어 그다음 베는 동작으로 이어진다.

실제로 칼을 빼낼 때도 **그림3b**까지의 움직임과 같다.[38] 여기서 오른 어깨와 왼 허리를 가깝게 하는 그림을 머릿속으로 떠올리면 움직임이 쉬워진다. 이 단계에서 칼이 앞으로 움직이면서, 맨 처음 기세(에너지)가 붙는다.

이어서 **그림4**처럼 가까워진 오른 어깨와 왼 허리를 반대로 멀리한다고 상상하며 가슴을 편다. **그림3c**에서는 여유 있던 오른 팔꿈치를 펴고 손목을 새끼손가락 쪽으로 구부리면 수평으로 벨 수 있다.

---

38 유파에 따라, 혹은 베는 방향에 따라 움직임은 다르지만, 온몸을 활용하는 건 같다.

그림3 양손을 사용하지 않아도 여기까지 뺄 수 있다

(a)

← 준비 자세

(b)

(c)

↑ 등을 말고 허리를 숙인다.
오른손도 칼자루에 가깝다.

← 가슴을 펴면서 오른 어깨를
앞으로 내밀고 왼 허리를 당기
면 칼이 절반 넘게 빠진다.

그림4 칼을 뽑은 뒤 베는 방법

→ 그림3b에서 칼 몸이 수평이 되도록 한다. 오른
팔꿈치를 펴고 손목을 새끼손가락 쪽으로 구부려
수평으로 벤다. 힘은 오른팔뿐 아니라 등줄기나
어깨뼈 쪽 근육들에서도 나온다.

제아무리 칼을 빨리 뺀다 해도,
칼자루를 못 빼게 제압당한다면?

거합에서 이런 상황을 벌써 예상하고 기본 기술로 다루고 있다. 앞 페이지 **그림2**처럼 초보자가 칼을 잡은 오른손이나 칼자루 머리를 제압당하면, 칼을 전혀 뽑을 수 없다. 하지만 칼과 칼집의 위치가 상대적으로 '빼낸' 상태가 되면 문제가 안 되며, 온몸을 움직여서 빼면 된다.

그림a에서, 거합으로 칼을 빼려는 순간, 상대(왼쪽)가 칼을 빼지 못하게 칼자루 머리를 제압한다. 오른손 힘으로 뿌리치며 빼는 건 불가능하고, 억지로 힘을 주면 반대로 허를 찔린다. **그림b**처럼, 힘에 거스르지 않도록 칼자루 머리를 포함해 칼 위치를 전혀 바꾸지 않고 왼 허리를 당기면서 왼손으로 칼집을 당기면 '빼낸' 상태가 된다.

여기서 조금이라도 칼자루 머리가 움직이면 상대가 눈치챈다. Q59와 같은 원리로 칼자루 머리 위치나 칼자루 머리를 통해 상대 손을 밀치는 힘을 바꾸지 않으며 움직이면, 빼는 기운을 감출 수 있다.

빼낸 칼이지만, 정지 상태이므로 에너지는 없다. 상대가 단순하게 칼자루 머리를 제압하고 있을 뿐이라면, 칼에 무게를 싣고 손목을 비틀어서 칼자루 머리를 회전 중심으로 삼아 칼 몸을 아래로 돌린다. 동시에 칼날 방향도 상대에게 향하도록 칼을 긴 축으로 돌린다. 그리고 왼손을 칼등에 대고 상대 허벅다리를 베어 올린다.

상대가 양손으로 칼자루를 잡고 있으면, 더 빨리 왼손을 곁들인다. 세게 돌리는 힘으로 칼자루를 낚아채면서 상대를 베어 올릴 수 있다.

같은 기술을 적극적으로 활용해, 상대가 칼을 빼지 못하게 칼자루 머리로 상대 코등이를 제압하고 온몸을 움직여 먼저 칼을 뽑아 벤다.

그림 칼자루 머리를 제압당했을 때 빼는 방법

➡ 내가 칼을 빼지 못하도록 상대가 내 칼자루 머리를 제압한다.

(a)

⬅ 칼자루 머리 위치나 상대 손에 전해지는 힘을 바꾸지 않고, 왼발을 뒤로 끌며 칼을 빼낸다.

(b)

➡ 칼날이 위로 향하게 바꾸면서 허벅다리를 베어 올린다.

(c)

제4장 무기의 과학

일본도는 어떤 칼?

비교적 가볍고 사용이 편리하면서 부러지거나 꺾이지도 않고 잘 벤다. 게다가 하몬(刃文, 칼날 무늬)과 아름다운 자태 등 예술 가치가 있는 일본도는 세계에서 높은 평가를 받는다. 일본도는 철도 벤다. '철이 철을 벤다고?'라고 놀랄 만한 일이지만, 철도 철 나름이어서 여러 성분과 결정 구조가 있다. 과학을 바탕으로 한 분석과 기술이 없던 시대에, 도공은 경험과 감에 의지하며 철의 성질을 숙지하고 응용해 일본도를 완성했다.

일본도를 만드는 데는 책 여러 권으로 풀어낼 정도로 수많은 공정이 필요하다. 여기서는 주요 핵심만 골라 소개하려 한다.

옛 일본에는 철광석도 석탄도 없어, 사철과 목탄을 사용하는 '다타라 제철(たたら製鉄)'로 철을 생산했다. 목탄이 석탄만큼 높은 열을 내지는 못하므로, 사철은 근대 제철처럼 완전히 녹지 않고 조강(鉧)이라고 하는 2톤이 넘는 덩어리가 된다. 이 조강(鉧)을 잘게 부숴 탄소 함유량과 불순물 비율에 따라 골라내, 그중에 품질 좋은 부분을 옥강(玉鋼)이라고 부르며 일본도 재료로 사용했다. 강철을 하가네(鋼)라고도 부르는데, 이는 '칼날 쇠붙이(刃金)'라는 뜻이다.

칼 제작에서 '접쇠 단련(折り返し鍛錬)'은 잘 알려진 공정이다. 도공은 달군 옥강을 망치로 두드려 편 뒤 접고, 다시 두드려 펴서 접는 작업을 10~15번쯤 거듭한다. 그러면 철에 1,024~32,768장쯤 층이 생긴다. 이 과정에서 불순물은 불꽃이 되어 빠져나간다. 이렇게 완성된 칼은 여러 층으로 된 아름다운 '피부'를 갖게 된다.

흥미롭게도 근대 제강법으로 만든 강철은, 미묘한 성분 차이 때문인지 접쇠 단련 공정을 여러 번 거쳐도 불순물이 잘 빠져나오지 않아 칼 제조에 적합하지 않다.

그림1 일본도의 구조와 철의 조합

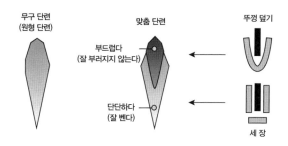

무구 단련
(원형 단련)

맞춤 단련

부드럽다
(잘 부러지지 않는다)

단단하다
(잘 벤다)

뚜껑 덮기

세 장

각종 철의 조합

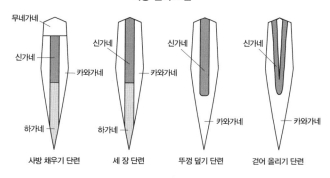

무네가네

신가네

카와가네

하가네

사방 채우기 단련

신가네

카와가네

하가네

세 장 단련

신가네

카와가네

뚜껑 덮기 단련

신가네

카와가네

걷어 올리기 단련

　어느 도공은 비법으로 옥강에 운철(철과 니켈을 주성분으로 하는 운석)을 섞기도 한다. 그래서 보통 강철보다 강한 니켈강에 가까운 재질이 되었을지도 모른다.

　칼날이 단단한 철로 만들어지면 베는 맛은 좋지만 반대로 무르다. 그래서 '중첩 단련(合わせ鍛え)'이라는 방식으로 칼날 부분보다 탄소 함유량이 적고 부드럽지만 점성이 있는 철과 배합한다(그림1).

마지막 중요한 공정이 '담금질(燒き入れ)'이다. 뜨거운 강철을 물에 담가 갑자기 식히면 견고하고 안정한 결정(마텐자이트[39])이 만들어진다. 짧은 시간에 온도가 내려갈수록 조직이 견고해진다. 칼날 부분은 매우 견고하고 칼 등에 가까운 부분은 적당히 물러지도록 칼 몸에 흙을 발라, 그 두께로 열이 전해지는 속도를 조정한다. 이 공정을 '흙 바르기(土置き)'라고 한다. 칼에 바르는 흙은 얇을수록 좋은데, 흙을 바르지 않으면 담금질할 때 발생한 수증기 기포가 열을 전달하는 것을 막아 바람직하지 않다고 한다.

도공은 칼 몸에 두께를 복잡하게 달리하며 흙을 바른다. 이렇듯 다채롭게 흙을 바른 모양이 연마를 통해 아름다운 '하몬'으로 나타난다. 단, 아름다움만 추구한 나머지 변화를 너무 크게 주면, 칼 몸이 고르지 못하게 굳어 쉽게 부러진다.

담금질할 때는 숯불 안에 칼 몸을 넣고 '풀무'로 온도를 조절하면서 가열한다. 철 색깔로 온도를 판단하면서 온도가 적절한 물에 칼을 담근다. 가열이 부족해도 안 되지만, 너무 높은 온도로 작업하면 열이 지나쳐 도리어 무뎌지기 때문에 베는 맛이 떨어진다.

도공의 주요 작업은 여기까지다.

나머지는 연마하는 사람이 열 단계나 되는 공정을 거쳐 마무리한다. 칼을 연마할 때 칼날이 미세한 톱니 모양을 띠면, 당겼을 때 베는 맛이 좋아진다. 대고 밀기만 해서는 베이지 않는다. 칼 두 자루를 칼날이 위로 향하게 고정한 뒤 맨발로 타는 사람이 있는데, 이런 이유로 가능한 것이다. 잘 베는 식칼도 칼날이 톱니 모양이다. 칼과 식칼은 연마 방식이 달라 식칼을 타는 게 더 위험하다는 얘기도 있다.

일본도는 옛사람들의 혼과 기술이 담긴 결정체다.

---

39 적의 탄환을 막아 낸 '야마토' 전함의 강철판도 표면은 마텐자이트였다.

그림2 칼의 주요 부분 명칭

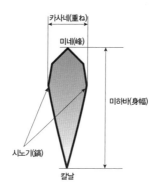

카사네(重ね)

미네(峰)

미하바(身幅)

시노기(鎬)

칼날

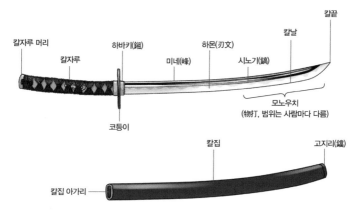

칼자루 머리

칼자루

하바키(鎺)

미네(峰)

하몬(刃文)

시노기(鎬)

칼날

칼끝

코등이

모노우치
(物打, 범위는 사람마다 다름)

칼집

고지리(鐺)

칼집 아가리

일본도로 물체를 베는 원리와
잘 베는 칼을 만드는 방법은?

물체를 베는 칼날에 작용하는 힘은 세 가지다(그림1a).

① 칼끝이 물체를 찌를 때의 저항력 F_c

② 칼 옆면이 물체를 좌우로 밀어내는 힘의 반작용 F_s

③ 밀린 물체와의 마찰력 F_f

이 세 가지 힘이 약해지도록 만들면 잘 베는 칼이 된다.

①의 F_c는 칼날의 예리함, 즉 베는 맛에 영향을 주는 힘이다. 칼 옆면이 물체를 좌우로 밀어낼 때, 물체가 쉽게 균열이 생기는 재질이라면 F_c는 거의 없다. 극단적인 예로 손도끼나 도끼로 장작을 패거나 대나무를 세로로 자를 때, 처음 베어 들어갈 때는 많은 F_c가 필요하지만 한번 갈라지기 시작하면 칼끝에 힘이 실리지 않는다($F_c = 0$).

이때도 두 가지 힘이 생긴다. 앞서 설명했듯이 칼날은 물체를 좌우로 밀어내면서 나아간다. 밀어내는 속도 v'는 칼 속도 v와 각도 θ에 의해 결정된다(그림1b). 깨끗하게 끊어진 물체가 칼 양쪽으로 날아가는 속도가 v'다. 칼 옆면이 물체를 밀어내는 힘이 F_s만큼이라고 하면, 작용반작용의 법칙에 따라 물체로부터 나오는 크기가 같고 방향이 반대인 힘(그림1a의 F_s)이 칼날 양쪽에 실린다.

칼날은 물체를 좌우로 밀어내면서 끊긴 면을 미끄러지듯 파고든다. 이 마찰력이 ③의 F_f다. 마찰력은 칼날 면과 수직인 힘 F_s에 거의 비례한다. 푸른 대나무나 볏짚은 마찰이 적지만 진득하게 달라붙는 재질, 예를 들어 가죽은 부드러운 만큼 칼날이 파고드는 걸 막는다.

그림1 칼날이 물건을 베는 원리

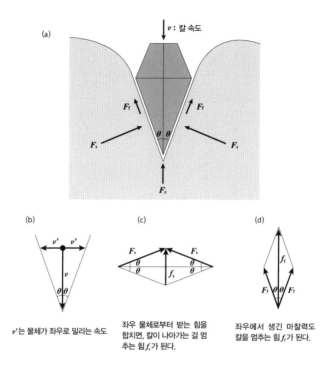

(a)

(b) v'는 물체가 좌우로 밀리는 속도

(c) 좌우 물체로부터 받는 힘을 합치면, 칼이 나아가는 걸 멈추는 힘 f_s가 된다.

(d) 좌우에서 생긴 마찰력도 칼을 멈추는 힘 f_f가 된다.

　칼끝 각도 θ에 대해 생각해 보자. θ가 작을수록 밀어내는 속도 v'가 느려지고, 그에 따라 반작용 F_s가 약해져 마찰력 F_f도 약해진다. 예를 들어 재질에 따라 F_s가 세도 θ가 작으면 그림1c에서 알 수 있듯이 칼을 멈추는 힘 f_s는 약해진다.

　이처럼 칼끝 각도 θ가 작은, 얇은 칼날일수록 물체로부터 받는 저항이 약해진다. 하지만 얇은 칼날은 무게가 가벼워 위력이 떨어진다. 그래서 칼의 폭(미하바, 身幅)을 넓게 하면, 무게도 늘어나 잘 베는 칼이 된다.

● 왜 일본도는 휘어져 있을까?

지금까지 한 이야기를 정리하면, 칼끝 각도 θ가 작을수록 물체로부터 받는 저항이 작아 잘 벨 수 있다. 일본도에는 각도 θ를 필요보다 더 작게 하는 구조가 있다. 바로 휨이다(그림2).

그림2 일본도의 '휨'에는 큰 의미가 있다

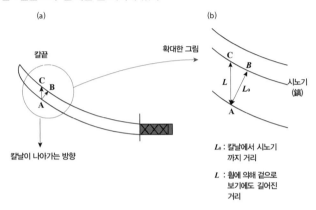

L_0 : 칼날에서 시노기까지 거리

L : 휨에 의해 겉으로 보기에도 길어진 거리

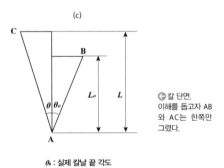

ⓒ칼 단면.
이해를 돕고자 AB와 AC는 한쪽만 그렸다.

θ_0 : 실제 칼날 끝 각도

θ : 휨에 의해 겉으로 보기에도 작아진 각도

칼이 물체에 닿을 때, 칼이 바로 아래로 움직이고 있다고 가정하자. 휘지 않은 칼은 A에서 B로 물체를 베지만, 휜 칼은 A에서 C로 벤다(그림2a).

확대한 **그림2b**처럼 칼날에서 시노기(鎬)까지의 거리가 L_0에서 L로 길어지고, 그 결과 **그림2c**처럼 칼끝 각도가 본디 θ_0에서 더욱 작은 θ가 된다. 특히 칼끝(그림2a)은 원래 θ_0이 작은 데다 휨도 심해 θ가 더욱 작아진다.

시대극을 보면 달인이 칼끝으로 벤 작은 나뭇가지나 꽃줄기가 시간이 조금 지나 천천히 떨어지는 장면이 나온다. 과장된 연출이지만, **그림1b**처럼 θ가 매우 작아 베인 부분이 느린 속도 v'로 튕겨 나오기 때문이다.

실제로 사물을 벨 때는 칼을 손으로 당겨서 벤다. 생선회도 식칼을 당겨야 더 잘 썰리는 것과 마찬가지다. 이러면 휨과 마찬가지로, 칼끝 각도를 작게 하는 효과가 있다.

36 '칼날을 세운다'라는 뜻은?

일본도의 베는 맛은 정평이 났다. 베는 맛을 좋게 하는 첫째 조건은 '칼날을 세운다.[40]', 즉 칼이 나아가는 방향과 칼날 방향이 정확히 일치해야 한다. 칼날을 세우지 않은 상태를 '칼날이 틀어졌다.'라고 표현하자.

칼날 끝 각도가 작고 얇은 데다 휜 칼이 잘 벤다고 Q35에서 언급했는데, 이는 칼날이 서 있을 때만 가능하다. 칼날이 틀어졌을 때는 얇은 칼날도 휨도 약점이 될 수 있다. 휨에 대해서는 나중에 다루기로 하고, 얇은 칼날의 약점을 살펴보자.

그림1처럼 칼날이 틀어지면 두 강한 힘 F_s와 F_f가 한쪽 면에만 작용한다 (Q35 그림1 참고). 두 힘을 합치면 힘 F를 가한 형태가 된다. 힘은 그림1의 왼쪽 위를 향한다. 자세히 보면, 아래 방향으로 나아가는 칼을 멈추려는 위 방향 힘 F_u와, 칼이 나아가는 방향을 왼쪽으로 꺾으려는 왼 방향 힘 F_l로 나눌 수 있다(그림2). 이렇게 칼은 갑자기 멈추면서 왼쪽으로 꺾인다.

그림1처럼, 힘 F_s에 의해 칼은 기우는 각도가 점점 커지는 방향으로 돈다. 힘 F_f가 기울기를 바로잡기도 하지만, 미미한 작용일 뿐이다(자세한 내용은 그림1의 식 참고). 첫 칼날이 조금이라도 틀어지면 점점 더 틀어진다.

눈금자로 책상 모서리를 치면 좁은 면은 꺾이지 않지만, 넓은 면은 크게 꺾인다. 칼날이 얇은 진검도 마찬가지로 칼날이 심하게 틀어지면 구부러지든지 꺾인다.

---

40 '칼날을 꿰뚫는다.'라고도 표현한다.

그림1 칼날이 틀어진 상태

물체 힘으로 점점 기울어진다.

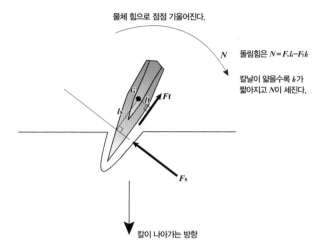

N

돌림힘은 $N = F_s l_s - F_f l_f$

칼날이 얇을수록 l_f가
짧아지고 N이 세진다.

F_f

l_s

G

l_f

F_s

칼이 나아가는 방향

그림2 칼날이 틀어진 상태에 가해지는 힘

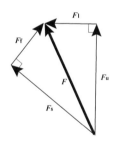

F_f

F_l

F

F_u

F_s

힘 F_f와 F_s가 동시에 가해지는 경우와,
힘 F_u와 F_l이 동시에 작용하는 경우는 효과가 같다.

Question 37 칼날을 세우는 게 중요한 건 알겠는데, 세우지 않으면 어떻게 될까?

칼날이 크게 틀어진 채 베면 칼이 구부러지고, 물체가 단단하면 칼이 부러진다. 옛 일본 육군이 실전에서 사용한 군용 칼을 직접 본 적이 있는데, 칼이 조금 구부러져 있었다. 칼날이 심하게 틀어지지 않아도 칼이 나아가는 방향보다 오른쪽을 향하면, 왼쪽 칼날 면이 거센 저항을 받는다. 칼은 갑자기 힘을 잃고 베어 들어가는 방향도 오른쪽으로 치우쳐, 결국 깊게 베지 못한다.

그림1은 거합도를 하는 제자가 수직으로 세운 대나무를 오른쪽 위에서 비스듬히 치려다 실패한 모습이다. 이런 흔적이 남은 이유를 생각해 보자.

그림1처럼, 칼이 나아가려는 방향에서 벗어나 칼날이 기울어진 채 대나무 표면에 닿으면, 나아가려던 방향으로 벨 수가 없다. 칼날이 좀 더 수직으로 서면, 칼날이 표면에서 미끄러질 뿐이다. 칼날이 조금 아래 방향으로 대나무 표면을 어슷하게 벨 때, 칼에 눌린 대나무는 왼쪽으로 기운다. 대나무가 더 기울수록, 칼이 대나무 중심을 향해 나아가며 점차 깊게 베다 멈춘다. 완전히 베지 못한 이유는 칼날이 틀어져 저항이 거세진 데다, 베인 단면이 넓어 칼이 운동 에너지를 다 썼기 때문이다. 이후 시범을 보인 사범은 대나무 단면을 깨끗하게 잘라 냈다.

실전에서 창이나 봉을 든 상대와 싸울 때, 상대가 내미는 창을 피해 그 손잡이를 옆에서 쳐 내려 해도, 상대가 창을 내미는 속도에 맞춰 칼날 각도를 바꾸지 않으면 칼날이 제대로 서지 않는다. 이유는 **그림2**를 보면 알 수 있다. 시대극을 보면, 상대가 내미는 창마다 모조리 베어 버리는 장면이 등장하는데, 이는 진정한 달인만 구사할 수 있는 기술이다.

그림1 칼날이 서지 않으면 깨끗이 벨 수 없다

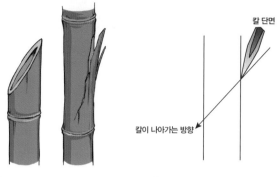

칼 단면

칼이 나아가는 방향

⬆ 칼날이 서 있으면 절단면은 깨끗한 평면이 된다(왼쪽). 칼날이 정확하지 않으면 단면이 지저분하다(오른쪽).

⬆ 칼날은 칼이 나아가는 방향과 같아야 한다. 그림처럼 칼날이 서 있지 않으면 깨끗이 잘리지 않는다.

그림2 움직이는 창에 칼날을 세우기란 꽤 힘들다

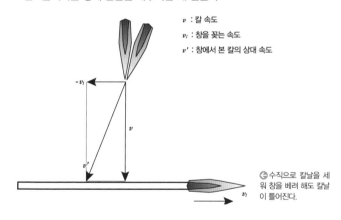

v : 칼 속도
v_l : 창을 꽂는 속도
v' : 창에서 본 칼의 상대 속도

$-v_l$

v

v'

v_l

⬅ 수직으로 칼날을 세워 창을 베려 해도 칼날이 틀어진다.

Question 38

일본도의 휨과 칼날은 어떤 관계일까?

그림1처럼, 휘지 않은 칼로 물체를 바로 위에서 벤다고 하자. 칼 중심 G
는 칼 몸 단면의 가운데에 있다. 물체의 반작용힘 F에 의해 중심 G 주변에
오른쪽으로 돌리는 힘,

$$N = Fl$$

이 발생해 칼은 더욱 오른쪽으로 기울어지고 칼날은 심하게 틀어진다. 처음
부터 칼날이 정확히 서면 $l=0$이므로, 돌림힘도 $N=0$이 되어 칼날은 틀어지
지 않는다. 반대로 처음부터 칼날이 심하게 틀어지면(l이 길다.), 돌림힘 N
도 강해져 칼날은 급격히 더 틀어진다.

다음으로 휜 칼을 살펴보자. **그림2a**처럼, 중심 G는 칼 몸 안쪽이 아닌 바
깥쪽으로 옮겨진다. 칼 중심으로 물체 A를 벤다고 하자(**그림2b**). 그림1의
곧은 칼과 다른 점은 중심 위치가 높다는 것뿐이다. **그림2a**를 보면, 중심 G
와 물체 사이의 수평거리 L은 그림1의 l보다 길어지고, 칼날을 트는 돌림힘
$N=FL$도 세진다. 휜 칼은 중심으로 베면 칼날이 쉽게 틀어진다.

똑같이 휜 칼인데 칼끝으로 벤 경우(**그림2a**의 물체 B)를 살펴보자. **그림
2b**와 같은 단면을 **그림2c**에 대입해 생각해 보면, 중심 G가 칼날보다 아래
로 온다. 이것을 옆에서 보면 **그림2c**처럼, 물체 B와 칼자루를 잡은 양손 H
로 칼을 지탱하는 형태가 된다.[41] 이 그림에서 중심 G는 아래 방향으로 움
직이므로 처음에 칼날이 틀어져도, 중심 G는 직선 BH를 기준으로 가장 낮
은 위치로 움직인다.[42] 즉, 틀어진 칼날이 자동으로 회복한다. 휜 칼은 가운
데보다는, 칼날을 쉽게 세울 수 있는 칼끝 쪽으로 베는 게 더 쉽다.

---

41 벤 순간, 손에서 칼로 전하는 힘은 Q40 참고.
42 중심 G가 직선 BH보다 위에 있을 때도, 그림1의 l은 짧아진다(따라서 N도 약해진다.).

그림1 휘지 않은 칼에서 칼날이 틀어지는 원리

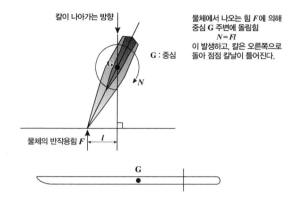

칼이 나아가는 방향

G : 중심

N

물체의 반작용힘 *F*

l

물체에서 나오는 힘 *F*에 의해
중심 G 주변에 돌림힘
$$N = Fl$$
이 발생하고, 칼은 오른쪽으로
돌아 점점 칼날이 틀어진다.

G

그림2 휜 칼에서 칼날이 틀어지는 원리

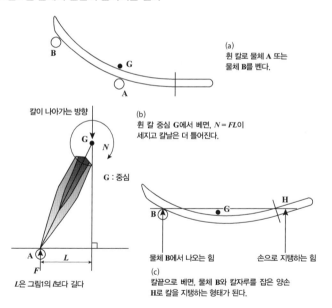

B

G

A

(a)
휜 칼로 물체 A 또는
물체 B를 벤다.

칼이 나아가는 방향

G

N

G : 중심

A

L

F

*L*은 그림1의 *l*보다 길다

(b)
휜 칼 중심 G에서 베면, $N = FL$이
세지고 칼날은 더 틀어진다.

B

G

H

물체 B에서 나오는 힘

손으로 지탱하는 힘

(c)
칼끝으로 베면, 물체 B와 칼자루를 잡은 양손
H로 칼을 지탱하는 형태가 된다.

39

Question

휜 칼일수록 칼날을 세우기 쉽다는 사실을 좀 더 자세히 살펴보면?

거합에서 쓰는 연습용 칼을 휘둘렀을 때 흥미로운 점을 발견했다. 칼 몸 양쪽에는 칼을 가볍게 만들기 위해 판, 히(樋)라고 불리는 홈이 있는데 거기서 소리가 난다. 칼날을 신경 쓰면서 양손으로 휘두르는 것보다 한 손으로 마구 휘둘렀을 때 좋은 소리가 난다. 이것은 칼날을 세우는 데 한 손으로 휘두르는 편이 더 쉽다는 증거다. '양손으로 휘두르면, 양쪽 힘의 균형이 무너져 칼날이 틀어진다.'라고 짐작할 수 있다. 그럼 한 손으로 휘두를 때 칼날이 잘 세워지는 이유는 무엇일까? 휨의 효과 때문이다.

그림1처럼 칼자루를 미끌미끌한 관에 넣고, 칼날을 아래로 향하게 해서 수평으로 유지한다. 칼 중심 G는 칼자루에서 이어 만든 연장선보다 위에 있어, 중력에 의해 칼이 돌아 중심이 G'로 내려간다. 중심은 중력 방향으로 움직인다. 그림2처럼 기차가 오른쪽으로 속도를 올리면 승객은 왼쪽으로 휘청거린다. 이는 지구 중력 말고도, 왼 방향으로 중력이 발생하는 것과 마찬가지다. 기차가 속도를 더 빠르게 할수록, 중력처럼 보이는 왼 방향 힘도 커진다.

그림3처럼 수직으로 세운 칼을 오른쪽으로 휘두르며 갑자기 속도를 빠르게 했다고 하자. 칼날은 칼등 치기 상태에 가깝다. 칼자루를 잡은 손이 기차고 칼이 승객이다. 이때 왼 방향으로 중력처럼 보이는 힘이 발생하는데, 지구 중력보다 훨씬 크다. 따라서 그림1에서 지구 중력이 상당히 커진 것처럼 칼은 빠르게 돌고 칼날은 오른쪽을 향해 나아간다.

일본도 또는 일본도와 비슷하게 휜 왜장도를, 오른쪽 위에서 왼쪽 아래로 내리치면서 바로 역방향으로 반격할 수 있다(그림4). 역방향으로 갑자기 속도가 빨라지면서 칼 몸이 돌아 칼날이 선다.

그림1 중력에 맡기면 칼등이 아래로 향한다

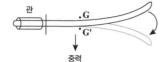

관

중력

🔵 칼날이 아래로 가도록 방향을 맞추어도 중력에 의해 중심이 내려가, 휜 방향이 아래쪽을 향하도록 칼이 돈다.

그림2 중력처럼 보이는 힘

🔼 기차가 오른쪽으로 움직이면, 기차를 타고 있는 사람은 왼쪽으로 휘청거린다.

그림3 중력처럼 보이는 힘의 효과

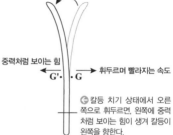

중력처럼 보이는 힘

휘두르며 빨라지는 속도

🔵 칼등 치기 상태에서 오른쪽으로 휘두르면, 왼쪽에 중력처럼 보이는 힘이 생겨 칼등이 왼쪽을 향한다.

그림4 실제 내리칠 때의 모습

🔼 비스듬히 내리친다.

🔼 칼날이 아래를 향한 상태에서 위를 향한 상태로 바뀐다.

🔼 반대로 아래에서 위로 비스듬히 올려 친다.

일본도로 물체를 벨 때, 손에 드는 느낌과 베는 맛은?

그림1처럼 A—B—C로 칼을 휘둘렀다고 하자. 중심은 A의 G_0에서 B의 G, C의 G_1로 이동한다. 칼은 왼쪽으로 돌기 때문에 칼끝 쪽일수록 빠르게 움직인다. 일정한 중심 속도와 회전 속도로 휘둘렀다고 가정하자. 물론 칼자루 가운데 Q의 속도 v_0도 일정하다.

칼이 같은 방식으로 움직여 B까지 온 순간, 점 P에서 칼로 물체를 베었다고 하자. 물체에서 나오는 반작용힘 F가 칼에 작용한다(B). 힘 F에 의해 중심 속도가 느려져, 칼이 G_1이 아니라 G'까지밖에 움직이지 못한다(C). 힘 F는 중심 G 주변에서 오른쪽으로 돌리는 힘 Fa를 가지므로 칼이 왼쪽으로 도는 속도가 느려진다. 물체에서 나오는 힘이 어느 정도 세면 칼은 오른쪽으로 돈다(C').

칼자루 Q의 속도는 중심 속도가 느려지면 같이 느려지고 중심 주변이 오른쪽으로 돌면 빨라진다. 이렇게 벤 후에 손잡이 Q'의 속도는 어떤 값 v'가 된다. 계산은 생략하지만, 칼 질량을 m, 중심 주변의 관성 모멘트[43]를 I_G로 하면,

$$ab = \frac{I_G}{m} \text{ 관계일 때 } v' = v_0$$

즉, 칼자루 가운데(Q와 Q') 속도는 변하지 않는다. 따라서 칼자루를 잡은 손에는 거의 충격이 없고, 벨 때 손에 시원한 느낌만 가볍게 느낄 정도다. 이런 P를 P_0이라 쓰고 충격을 받지 않는 점이라고 부르자. 충격을 받지 않는 점 위치는 칼 구조(중심 위치, 관성 모멘트와 질량의 비)에 따라 달라지고, 휘두르는 방법(중심 속도와 회전 속도)과는 관계가 없다.

---

43 관성 모멘트는 Q44 참고.

그림1 물체를 벤 칼의 움직임 변화

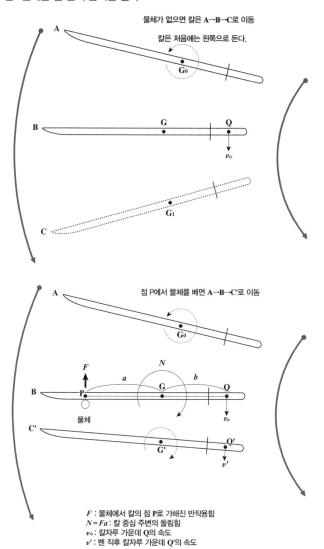

물체가 없으면 칼은 **A→B→C**로 이동

칼은 처음에는 왼쪽으로 돈다.

점 P에서 물체를 베면 **A→B→C'**로 이동

F : 물체에서 칼의 점 **P**로 가해진 반작용힘
$N = Fa$: 칼 중심 주변의 돌림힘
v_0 : 칼자루 가운데 **Q**의 속도
v' : 벤 직후 칼자루 가운데 **Q'**의 속도

연습용 칼(전체 길이 102cm, 질량 950g, 중심 위치는 칼끝에서 60cm)을 가지고 한 간단한 실험을 통해 $\frac{I_G}{m}$ 을 구하고 위의 식으로 계산한 결과, 충격을 받지 않는 점은 칼끝에서 약 30cm 위치에 있었다.

● **충격을 받지 않는 점 P_0 이외의 점에서 베면 어떻게 될까?**

그림2a처럼, P_0보다 칼끝에 가까운 쪽에서 벨 때 칼자루는 그림2의 아래 방향으로 갑자기 빠르게 움직인다.[44]

칼자루를 잡은 양손에는 휘두르는 방향으로 끌어당겨지는 충격이 전해진다. 제대로 잡지 않으면 칼자루를 손에서 놓치고 만다. 봉 끝으로 단단한 땅을 내리치면 손이 마비되는 것과 같은 원리다.

그림2b처럼, 물체가 단단해 완전히 베이지 않으면, 칼 힘은 물체 쪽과 양손 쪽 모두에 막힌 형태가 된다. 검술사는 힘 있게 휘두른 칼을 갑자기 멈추는 기술을 갖고 있어 그림2b와 같은 상황에서도 칼자루를 놓치지 않는다. 칼자루가 갑자기 빨라지려는 걸 멈추면 '양손 벽'이 만들어진다. 칼끝은 나아가던 방향으로 더 움직이려 하므로, 물체에는 칼자루를 놓쳤을 때보다 더 큰 힘이 가해진다. 그러면 물체를 쉽게 벨 수 있다.

칼끝에서 약 9cm 또는 약 3분의 1 지점을 모노우치(物打)라고 한다. 주로 여기로 물체를 벤다. 모노우치로 벨 때, 칼이 나아가는 방향으로 적당히 끌어당겨진 힘을 양손으로 멈추면 '양손 벽' 원리가 작용한다. 그러면 Q39에서 설명한 것처럼 칼날이 바르게 유지되면서 가장 잘 벨 수 있다.

그림2c처럼, P_0보다는 코등이로 단단한 물체를 베면 내리쳐진 칼자루가 반대로 올라간다. 이것을 억지로 누르면, 역시 Q39처럼 칼날이 틀어져 칼이 부러지거나 꺾인다. 코등이 주변은 속도가 느려 베기 어렵다.

'진검은 모노우치로 벤다.' '코등이 부근은 칼날이 없어도 무방하다.'라고 말하는 검술사가 있다. 역학 원리에 따라 그 말은 타당하다고 생각한다.

---

44 물체가 '벽'이 된다.

그림2 충격을 받지 않는 점 P₀ 이외의 점에서 벤다

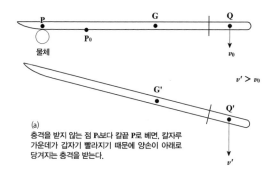

(a)
충격을 받지 않는 점 P₀보다 칼끝 P로 베면, 칼자루
가운데가 갑자기 빨라지기 때문에 양손이 아래로
당겨지는 충격을 받는다.

$v' > v_0$

물체로부터 받는 힘

양손으로부터 받는 힘

(b)
물체가 단단해 베이지 않으면, 물체와
양손(Q)으로 칼 힘을 멈추게 된다.

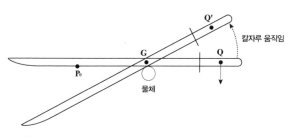

칼자루 움직임

(c)
P₀보다 코등이에 가까운 쪽에서 단단한 물체를
베면, 칼자루가 반대 방향으로 움직인다.

41

일본도는 성능이 뛰어나다면서
왜 부러지거나 꺾이는 걸까?

세계에서 뛰어나다고 인정받는 일본도지만, 뛰어나다는 데에는 '능숙한 사람이 칼날을 올바르게 세워 사용해야 한다.'라는 조건이 붙는다. 칼날이 틀어지면 칼 몸을 가로 방향으로 구부리는 돌림힘이 발생해 부러지거나 꺾일 수 있다. 극단적인 경우, 칼 옆면으로 치는 '히라우치(平打ち)'가 된다. 그러다 목검에 맞으면 부러질 수도 있다. 칼 옆면으로 물 위를 강하게 때려도 질 나쁜 칼은 부러진다고 한다.

본질에 쉽게 다가가기 위해 칼 대신 단면이 긴네모꼴(폭 a, 두께 b)인 봉을 떠올려 보자. 다음은, 구부려 돌리는 힘을 거는 방법이다. 칼자루를 고정해 칼끝에 힘을 가한 경우, 칼 양 끝을 고정해 중앙에 힘을 가한 경우 등 다양한 조건이 있어 좀 복잡하기는 하다.

그래서 쉬운 예로, 양손으로 봉의 양 끝을 잡고 손목을 비틀어 구부리는 장면을 떠올려 보자(그림1a). 이때 봉 전체에 구부려 돌리는 힘 N이 같은 세기로 걸려 봉 전체가 똑같이 구부러진다고 한다(도로의 곡률 반지름 R이 일정한 것과 같다.).

봉 가운데 쪽을 확대하면, 윗면 A가 가장 많이 줄어들고 아랫면 B가 가장 많이 늘어난다(그림1b). 각 부분에 작용하는 압축 응력(압력)과 인장 응력(두 힘의 세기를 모두 p로 표시)은 각각 오그라들거나 늘어나는 정도에 비례한다. 중앙 O 근처는 오그라들거나 늘어나는 정도가 작아 응력도 약하다. 따라서 구부러지는 힘에 거의 저항하지 않는다. '기능이 적으면 없애라.' 그래서 속을 비운 게 파이프다. 즉, 구부러지는 힘에 저항하기 위해 가장 심하게 오그라들고 늘어나다 가장 먼저 부러지는 곳이 윗면과 아랫면이다.

그림1 단면이 긴네모꼴인 봉의 양 끝단에, 구부리며 돌리는 힘 *N*을 가해 봉을 구부린다

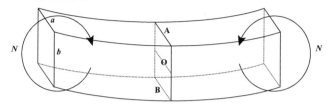

(a)
폭 *a*, 두께 *b*의 봉이 일정한 곡률 반지름으로 구부러진다.

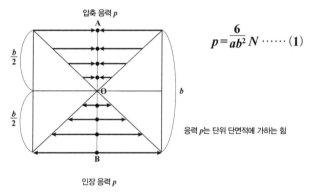

$$p = \frac{6}{ab^2} N \cdots\cdots (1)$$

응력 *p*는 단위 단면적에 가하는 힘

(b)
봉 윗면 **A**가 가장 많이 줄어들고, 아랫면 **B**가 가장 많이 늘어난다.
➝는 오그라드는 정도와 압력, ➝는 늘어나는 정도와 인장응력의 세기를 나타냄

    돌림힘 *N*을 가했을 때, 위아래 면에 발생하는 응력 *p*는 식 (1)이다. 돌림힘 *N*이 커져 응력 *p*가 한계에 다다르면 봉은 부러진다. 돌림힘이 똑같다면 폭 *a*가 넓을수록, 혹은 두께 *b*가 두꺼울수록 응력 *p*가 작아지는 게 당연하다. 이때 *b*가 제곱인 점이 중요하다. 예를 들어 **그림2a**처럼 봉을 세로 방향으로 구부릴 때 식 (1)을 사용하면

$$a = 1 \quad b = 4 \text{로}, \quad p_t = \frac{6}{16} N = \frac{3}{8} N$$

가로 방향으로 구부릴 때(**그림1b**)는,

$$a = 4 \quad b = 1 \text{로}, \quad p_y = \frac{6}{4} N = \frac{3}{2} N$$

으로 응력이 4배나 된다(이해를 돕기 위해 단위는 생략). 이것이 칼이 가로 방향으로 구부러지는 데 약한 이유다.

이어서 단면적(폭 $a \times$ 두께 b)이 같고, 위의 예보다 두께가 얇고 폭이 넓은 봉($a = \frac{2}{3}$, $b = 6$)에 식 (1)을 한 번 더 사용하면,

$$\text{세로 방향} \quad p_t = \frac{1}{4} N \qquad \text{가로 방향} \quad p_y = \frac{9}{4} N$$

이 된다. 세로 방향으로 구부렸을 때 응력은 작아지고, 반대로 가로 방향으로 구부렸을 때 응력은 세로 방향보다 9배나 세다. 칼이라면, 칼날이 정확하게 섰을 때 칼 몸이 크고 카사네(重ね)가 얇을수록 세로 방향에 강하다. 그 대신 히라우치(平打ち)에는 약하다.

실제로 칼날은 단단하지만 무르고 칼등은 단단하지 않아도 끈기가 있다. 칼로 단단한 물체를 베면 칼 몸은 **그림3**처럼 구부러진다(그림은 과장되어 있다.). **그림1**과 위아래가 반대로, 칼날은 줄어들고 칼등은 늘어난다. 칼날은 압축에 강하고 칼등도 끈기가 있어 늘어나는 걸 잘 견딘다.

하지만 같은 세로 방향이라도 칼등 치기에서는 위아래가 반대되며 칼날이 늘어난다. 칼날은 늘어나는 데 취약할 뿐 아니라, 미세하게 균열이 있는 구조라 더욱 쉽게 부러진다(**그림4**). 싸우다가 칼날에 이가 나갔다면 더욱 그렇다. 소스가 든 팩 입구를 잡아당기면 응력이 집중되어 입구가 쉽게 끊어지는 것과 같은 원리다.

그림2 세로 방향과 가로 방향의 다른 응력

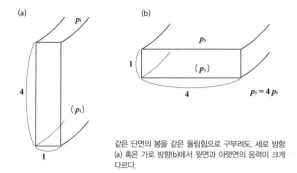

(a)

p_t

4

(p_t)

1

(b)

p_y

1

(p_y)

4

$p_y = 4\,p_t$

같은 단면의 봉을 같은 돌림힘으로 구부려도, 세로 방향
(a) 혹은 가로 방향(b)에서 윗면과 아랫면의 응력이 크게
다르다.

그림3 단단한 물체에 닿으면 칼날은 줄어들고 칼등은 늘어난다

그림4 응력이 한곳으로 모이면…

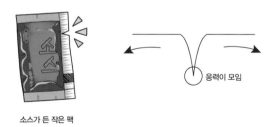

소스가 든 작은 팩

응력이 모임

Question
42

일본도로 총알을
두 동강 낼 수 있다고?

한 TV 프로그램에서 시범을 통해 일본도의 강점을 보여 주고자 했다. 콘크리트 블록을 부술 만한 위력을 가진 총을 고정해 놓고, 일본도를 향해 정면에서 방아쇠를 당겼다. 일본도는 이 하나도 나가지 않았는데 총알은 두 동강이 나며 튕겨 나갔다.

이 현상을 에너지 관점에서 분석해 보자. 총알 질량을 10g($m = 0.01\,kg$), 속도를 $v = 350$m/s로 하면 운동 에너지 E는 아래와 같다(그림a).

$$E = \frac{1}{2}\,mv^2 = \frac{1}{2} \times 0.01\,kg \times (350\text{m/s})^2 = 613\text{J}$$

일류 격투기 선수가 펀치를 뻗을 때 팔에 실리는 힘의 몇십 배나 되는 에너지다. 제대로 맞으면 콘크리트 블록도 부서진다.

총알은 납을 구리로 감싼 매끄러운 짜임새를 갖추고 있다(그림b). 예리한 칼날에 맞으면 쉽게 반으로 잘린다. 총알을 매달아 두고(현실에서는 불가능하지만) 총알과 같은 속도로 휘두른 칼로 총알을 벤 것과 같다.

총알이 잘리는 시간이 매우 짧아 총알은 두 동강이 난 채 속도를 줄이지 않고 날아간다. 속도가 거의 줄지 않으면, 두 동강이 난 총알 파편의 운동 에너지를 다 더한 값과 처음 운동 에너지의 값이 그다지 다르지 않다. 즉, 콘크리트 블록을 부술 때와 달리, 총알의 운동 에너지가 칼에 조금만 전해진 것이다. 하지만 칼 옆면을 쳤다면 대부분의 운동 에너지가 칼에 전해져 칼이 부러졌을 것이다.

이어서 12.7mm 기관총으로 칼을 쏘자 칼은 점점 이가 나가면서 총알 수십 발 만에 부러졌다. 기관총 총알에는 강철이 포함되어 칼이 총알을 쉽게 자를 수 없었다. 권총의 30배나 되는 기관총 총알의 운동 에너지 상당 부분이 칼에 전해지면서 칼이 버티지 못한 것이다.

그림 권총이 쏜 총알의 에너지

(a)

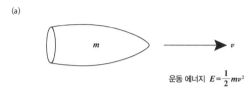

운동 에너지 $E = \dfrac{1}{2}mv^2$

⬆️운동 에너지는 총알 질량 m이 클수록, 총알 속도 v가 빠를수록 커진다.

(b)

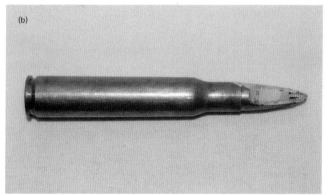

⬆️현대 총알은 구리 합금으로 납을 감싼 형태를 지니고 있다.　　　　　사진 : 카노요시노리

봉, 칼, 창의 위력은 무엇이 다를까?

다양한 무기가 가진 위력이 얼마나 차이가 나는지 본질적으로 파악하기 위해, 무기 중량이 모두 같다고(1~2kg 정도) 생각해 보자. 모든 무기는 찌르거나 때리거나 후려쳐서 공격한다. 충격력 F는 무기 종류나 사용하는 방법에 따라 순간 최댓값과 충격량 차이가 발생하지만, 여기에서는 큰 차이가 없다고 가정한다.

가장 큰 차이는 공격 목표와 닿는 면의 크기 S다. S가 큰 순으로 나열하면 다음과 같다.

① 봉으로 때린다. ② 봉으로 찌른다. ③ 칼로 벤다, 창칼로 때린다.
④ 칼로 찌른다. ⑤ 창으로 찌른다.

목표물을 격파하는 위력은 목표물에 가해지는 압력(단위 면적당 힘) p이며, 다음과 같은 관계에 있다.

$$압력\ p = 충격력\ F \div 접촉\ 면적\ S$$

봉으로 복부를 때리면, 복부는 말랑말랑해 면적 S가 넓어져(압력 p가 약하다.), 충격에 의한 손상은 있어도 위력이 상처를 입을 만큼 크지는 않다. 하지만 단단한 머리라면 S가 비교적 좁아(p가 세다.), 머리뼈가 갈라지거나 함몰할 수 있다.

상대가 탄탄한 갑옷을 입고 있으면 ①, ②, ③은 물론, 때에 따라서는 ④로도 갑옷이 부서지지 않는다. 무기가 갑옷과 몸통에 닿는 면이 충격력 F를 받아 내, 몸통에 가해지는 압력 p는 매우 약하다. 따라서 손상이 발생하지 않는다.

이런 이유로 갑옷을 입고 싸우는 전투에서 신분 높은 무사를 '따라온 부하에게 창을 들게 할 수 있는 무사'라고 표현하듯, 갑옷을 뚫는 ⑤번 창이 가장 강력한 무기다.

그림 무기는 목표물과 닿는 면적이 좁을수록 강력하다

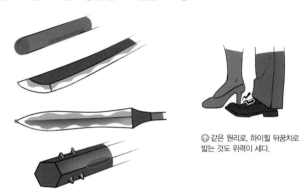

⬆ 같은 원리로, 하이힐 뒤꿈치로 밟는 것도 위력이 세다.

⬆ 뿔과 징이 박힌 봉은 원형 봉보다 목표물과 닿는 면적 S가 좁다.

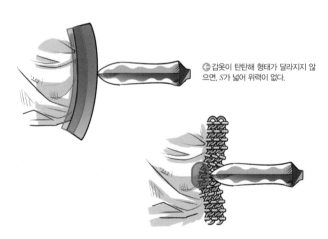

⬅ 갑옷이 탄탄해 형태가 달라지지 않으면, S가 넓어 위력이 없다.

⬆ 갑옷을 관통하지 않아도 형태가 달라지면, S가 좁아져 어느 정도 위력이 있다.

칼과 창의 무게, 길이, 휘두르기는 어떤 관계일까?

무거운 물체를 움직이기 힘든 건 당연하다. 움직이더라도 속도를 빠르게 하기는 힘들다. 무게가 같아도 물체가 길면 회전하기 더 어렵다. 빨래를 널려고 긴 바지랑대의 방향을 바꿀 때, 무게에 비해 힘이 많이 드는 것처럼 말이다. 무기뿐 아니라 모든 물체의 움직임은 중심부 회전과 병진 운동(물체 중심을 포함한 전체가 회전 없이 이동)이 조합해 이루어진다.

● 돌림힘이란?

우선 역학에서 쓰는 돌림힘이라는 용어를 알아보자. 중심 G에서 떨어진 장소에 힘을 가하면 중심 자체도 이동하지만(병진 운동), 동시에 중심부 주변이 회전한다. 이 회전을 일으키는 회전력이 돌림힘이다. 그림1a와 같은 관계다.

$$돌림힘 = 힘 × 회전 반지름$$

멈춘 물체에 힘을 계속 주면, 중심 G는 힘을 주는 방향 G′로 이동하고 물체는 이동하는 중심부에서 돌기 시작한다. 칼을 한 손으로 가볍게 잡고 손목에 힘을 빼서(손목을 비틀며 생기는 돌림힘은 거의 없다.) 휘두르면, 그림1b처럼 움직인다.

칼을 양손으로 잡았을 때처럼 두 가지 이상의 힘을 동시에 주면, 각 힘의 돌림힘을 더한 값이 중심부 돌림힘이 된다(단, 왼쪽으로 돌리는 돌림힘이 +면 오른쪽으로 돌리는 돌림힘은 −). 한 손이라도 손목에 힘을 주어 그림2처럼 손바닥 두 군데에 서로 다른 방향으로 힘을 주게 되면, 칼에 왼쪽으로 돌리는 돌림힘이 발생한다.

그림1 돌림힘은 '힘×회전 반지름'

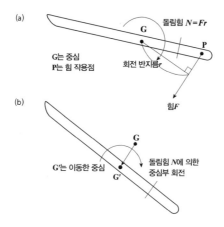

(a)

돌림힘 $N = Fr$

G

P

G는 중심
P는 힘 작용점

회전 반지름 r

힘 F

(b)

G

돌림힘 N에 의한
중심부 회전

G'는 이동한 중심

G'

그림2 한 손으로 잡아도 돌림힘이 걸린다

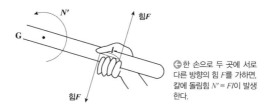

N'

힘 F

G

힘 F

⊙한 손으로 두 곳에 서로
다른 방향의 힘 F를 가하면,
칼에 돌림힘 $N' = Fl$이 발생
한다.

● 관성 모멘트란?

　힘을 주면 물체의 중심 속도가 빨라지는 것과 마찬가지로, 돌림힘으로
인해 물체 회전 속도[45]가 빨라진다. 무거운 물체일수록 속도를 빠르게 하기
어려운 것(가속도가 낮다.)과 마찬가지로, (중심부)관성 모멘트가 클수록
회전 가속도[46]가 낮아진다. 관성 모멘트는 회전하는 물체가 회전을 지속하
려는 성질을 말한다.

45　역학에서 '각속도'라고 한다.
46　역학에서 '각가속도'라고 한다.

봉 하나를 떠올려 보자. 중심부 관성 모멘트 I_G는 **그림3a**처럼, 질량 m에 비례하고 길이 l의 제곱에 비례한다. 같은 무게라도 길이가 2배 길면(가늘고 길면) I_G는 4배 증가한다. **그림3b**처럼 무게와 길이가 2배가 되면 I_G는 8배나 된다. 1m짜리 봉과, 같은 두께의 2m짜리 봉에 같은 회전 속도를 가하려면, 2m짜리 봉에 8배나 강한 돌림힘이 필요하다. **그림3c**처럼 봉 끝 B를 중심으로 휘두르면, 점 B의 주변 관성 모멘트 I_B는 중심부 I_G보다 4배나 커진다.

● 회전에 따른 무게를 줄이면 사용이 편리해진다

창처럼 길고 무거운 무기는 중심부를 잡아도 휘두르기 힘들다. 하물며 끝을 잡고 휘두르는 데는 더 강한 돌림힘이 필요하다. 단, 같은 회전 속도라도 끝부분 A의 속도는 회전 중심(**그림3a**와 **그림3b**에서는 중심 G, **그림3c**에서는 점 B)에서 떨어진 거리에 비례한다. 끝부분 A의 속도가 **그림3a**에서는 v, **그림3b**에서는 $2v$, **그림3c**에서는 $4v$가 되며, 휘두르는 데 고생한 만큼 속도가 빨라진다.

영화에서 덩치 큰 사람이 **그림4**같은 철로 만든 큰 망치를 들고 악당과 싸울 때 민첩성이 부족해 당하기만 하는 장면을 본 적이 있다. 점 B 주변의 관성 모멘트가 매우 커서, 일반적으로 잡는 방법으로는 망치를 휘두르기 어렵다. 이를 본 무도인이 '긴 무기는 짧게 사용해라.'라고 조언했다. 그 말대로 중심 G 근처를 잡자, 무거운 망치가 갑자기 가벼워져서 악당을 해치울 수 있었다. 중심부의 관성 모멘트가 B 주변보다 훨씬 작아 회전할 때 무게가 갑자기 줄어들었기 때문이다.

같은 원리로 왜장도나 창처럼 무겁고 긴 무기는 가능한 한 중심부에서 돌릴 수 있게 잡고, 양손 간격과 보폭(**그림2**의 l에 해당)을 넓혀 무기에 가하는 돌림힘이나 온몸을 회전시키는 돌림힘을 강하게 한다(**그림5**). 양손 간격과 보폭을 반으로 하면 같은 돌림힘을 만드는 데 2배나 강한 힘이 필요해 돌림힘을 다 내지 못한다.

그림3 무겁고 긴 무기는 휘두르기도 꽤 힘들다

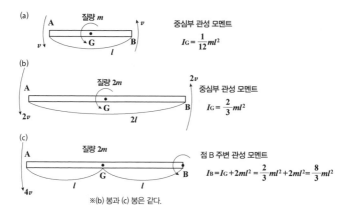

(a)

질량 m

중심부 관성 모멘트

$$I_G = \frac{1}{12}ml^2$$

(b)

질량 $2m$

중심부 관성 모멘트

$$I_G = \frac{2}{3}ml^2$$

(c)

질량 $2m$

점 B 주변 관성 모멘트

$$I_B = I_G + 2ml^2 = \frac{2}{3}ml^2 + 2ml^2 = \frac{8}{3}ml^2$$

※(b) 봉과 (c) 봉은 같다.

그림4 무거운 무기 사용 방법

관성 모멘트가 크다

관성 모멘트가 작다

↥ 무거운 망치도 중심부를 중심으로 '짧게' 휘두르면 훨씬 '가볍게' 사용할 수 있다.

그림5 양손 간격과 보폭을 크게 잡는다

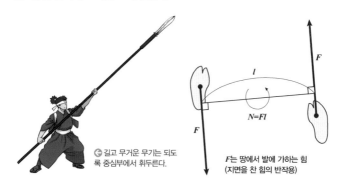

↰ 길고 무거운 무기는 되도록 중심부에서 휘두른다.

$N = Fl$

F는 땅에서 발에 가하는 힘 (지면을 찬 힘의 반작용)

창이 일본도보다 유리할까?

결론부터 말하자면 창은 일본도보다 단연코 유리하다. 통계에 따르면 옛날 전쟁터에서 다치는 원인은 화살이 약 40%, 총이 20%, 창은 20%, 칼은 겨우 4.5%였다. 칼은 도움을 주는 무기 정도였다. 평화로운 에도 시대, 일본도는 무사가 평상시에 지니고 다닐 수 있는 유일한 무기였고, 일본도가 무사의 혼으로 우러러 받들어지면서 일본도를 향한 관심이 높아졌다.

짧은 창은 3.5m 정도이고, 4.5m~6.5m 정도의 창도 제법 있는 것 같다. 천장에 매달린 5엔짜리 동전을 향해 긴 창을 찌를 때, 사범이라면 두 번에 한 번은 동전을 맞힌다고 한다. 내 어머니의 어린 시절, 동네에는 창을 자유자재로 다루는 사람이 있었다. 그 사람이 기둥에 붙은 파리를 창으로 툭 찔렀는데 기둥에 상처 하나 남지 않았다고 한다. 이 정도로 숙련된 사람이라면 갑옷 틈새나 약점을 노려 찔렀을 것이다.

●창의 움직임은 상대에게 보이지 않는다

창은 몸 오른쪽에 둔다. 심장이 있는 왼쪽이 적과 가깝지만, 창을 왼쪽에 두면 왼쪽 허리에 찬 칼이 방해를 받아, 칼을 사용하기 어렵기 때문이다. Q44에서 말했듯이 양손 간격도 보폭도 넓게 한다. 앞쪽 손 위치는 그대로 두고 뒤쪽 손을 앞으로 보내면 창은 앞쪽 손안에서 미끄러지듯 빠져나간다(**그림1**). 상대 눈에는 창이 점처럼 작게 보이고 뒤쪽 손은 앞쪽 손에 숨겨져, 창이 빠져나가는 움직임이 보이지 않는다.

길이가 약 3.6m인 창을 왼손에 있는 매끄러운 '관'을 통해 재빨리 조작하거나 당기는[47] '관류(貫流)'라는 유파의 사범에게 다음과 같은 이야기를 들었다.

---

[47] 나간 창을 당기는 것을 '시고쿠(しごく)'라고 한다. '후배를 꾸짖다(後輩をしごく).'의 어원이다.

그림1 창은 움직임을 읽기 어렵다

◆ 앞쪽 손은 움직이지 않고, 상대가 움직임을 파악하기 어려운 뒤쪽 손으로 창을 앞으로 민다.

그림2 다양한 창끝과 물미

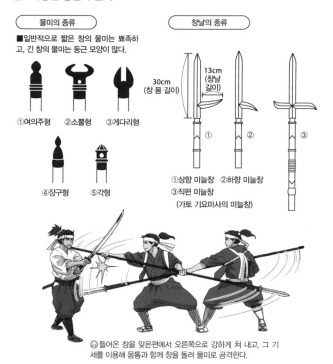

물미의 종류

■ 일반적으로 짧은 창의 물미는 뾰족하고, 긴 창의 물미는 둥근 모양이 많다.

① 여의주형
② 소뿔형
③ 게다리형
④ 장구형
⑤ 각형

창날의 종류

30cm
(창 몸 길이)

13cm
(창날 길이)

① ② ③

① 상향 미늘창 ② 하향 미늘창
③ 직편 미늘창
(가토 기요마사의 미늘창)

⬆ 들어온 창을 맞은편에서 오른쪽으로 강하게 쳐 내고, 그 기세를 이용해 몸통과 함께 창을 돌려 물미로 공격한다.

"현대 검도를 하는 사람이 시험을 보러 가끔 오는데, 좌우로 왔다 갔다 하는 움직임이 적어 좋은 표적이 된다. 상대는 창을 쳐 내며 달려들지만, 창을 당겨 다시 찌르는 속도를 이기지 못해 쉽게 승패가 갈린다."

실제로 사용한 창의 대부분은 창끝 이외에 열쇠(훅) 모양 쇠붙이를 붙인 건창(鍵槍)이나 창끝 일부가 가지처럼 뻗어있는 겸창(鎌槍)이었다고 한다. 특히 겸창은, 상대가 찌르기를 피한다 해도, 창을 당기면서 상대를 낫으로 베거나 창으로 옆에서 후려치면서 상대를 낫으로 찌를 수 있다. 또 창끝에는 물미라는 쇠붙이가 붙어 있다(그림2).

그렇다면 예스러운 검술사의 칼과 창이 대결을 펼치면 어떻게 될까? 예를 들어, 검술사는 상대를 칼로 정통으로 찌르든지, 낫을 세워 후려치려 다가오는 창을 칼로 강하게 쳐 내든지 할 것이다. Q44에서 설명했듯이 창은 관성 모멘트가 커서 급하게 돌리기 어렵다. 하지만 쳐 내는 기세를 이용해 뒤에 있는 오른발을 앞으로 보내면서(간격이 너무 가까우면 앞에 있는 왼발을 당긴다.), 몸통을 왼쪽으로 돌리며 물미로 상대를 공격할 수 있다.

상대가 칼과 교차한 창을 쳐 내려 해도, 양손 간격이 넓은 창의 돌림힘 N_Y는 칼의 돌림힘 N_X보다 훨씬 세서 대부분 상대는 반대로 칼을 빼앗기거나 꼼짝 못 하게 억눌리며 창에 찔린다(그림3). 또 칼이 창 낫에만 걸려도 돌림힘은 창이 훨씬 세서, 상대는 칼을 떨어뜨린다.

● 칼이 이길 수 있는 조건은?

하지만 칼도 기회는 있다. 상대가 견제하기 위한 동작을 하는 게 아니라 제대로 창을 내밀면, 양손 간격이 좁아진다(그림4). 그 기회를 놓치지 말고 칼코등이로 상대 창끝을 누른다. Q18 계산대로, 이는 매우 긴 창끝으로 상대를 물리치려는 상황에 해당하므로 칼 돌림힘이 이긴다. 누른 그대로 창을 유연하게 제압하면서 간격을 좁히면 이길 수 있다.

여러 명이 창을 들고 빈틈없이 쫙 늘어서는 '야리부스마(槍衾)'를 만들면, 어떤 검술사라도 고전을 면치 못할 것이다. 반대로, 창의 대가라면 여러 개 칼과 맞서 이길 것이다.

그림3 창에 비해 칼은 매우 불리하다(위에서 본 그림)

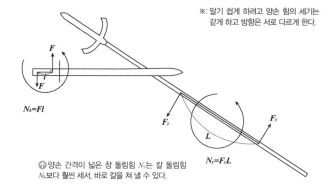

※: 알기 쉽게 하려고 양손 힘의 세기는 같게 하고 방향은 서로 다르게 한다.

$N_k=Fl$

$N_y=F_yL$

⬆ 양손 간격이 넓은 창 돌림힘 N_y는 칼 돌림힘 N_k보다 훨씬 세서, 바로 칼을 쳐 낼 수 있다.

그림4 칼로 창에 대항하기 위해서는?

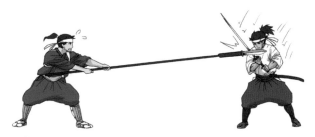

⬆ 제대로 창을 찌를 땐 양손 간격이 좁아진다. 이때 칼코등이로 창끝을 제압하면, 칼 돌림힘이 우월해 창 돌림힘을 제압할 수 있다.

활로 화살을 빠르게 쏠 수 있는 원리는?

날아가 과녁을 맞히거나 운동 에너지로 과녁을 찌른다는 점에서, 화살은 던지는 창이나 다트와 비슷하다. 창을 던질 때는, 한 동작으로 창에 운동 에너지를 가하면서 과녁을 겨냥한다. 이것이 화살을 쏘는 동작과 역학 원리에 따라 크게 다른 점이다. 창 던지는 속도를 빠르게 하기 위해서는 온몸(특히 팔)을 빠른 속도로 움직여야 한다. 근육이 내는 에너지 대부분은 몸을 움직이는 운동 에너지로 쓰여, 창에 전해지는 에너지는 극히 적다.

한편 활과 화살의 경우, 활을 당겨 근육에서 나온 에너지를 활이 휘어지는 탄성 에너지로 쌓는다. 동작이 느긋해 에너지를 낭비하지 않는다. 탄성 에너지를 다 쌓고 나면 과녁을 겨냥한다. 그리고 탄성 에너지로 화살을 빠르게 쏜다. 이렇게 하면 비행 속도나 과녁에 맞는 비율이 월등하게 높아지고 사정거리도 훨씬 늘어난다.

용수철을 예로 들어 탄성 에너지를 이야기해 보자. **그림1a**처럼 탄성 에너지 E(그래프 안에 있는 삼각형 면적)는 용수철을 늘린 거리 x의 제곱에 비례해 쌓인다. 늘어난 용수철 끝에 무게(엄밀히 말하면 질량)가 m인 공을 붙이고 속도가 없는 상태로 둔 다음, 용수철이 공을 끌어당기면서 원래 길이로 돌아갔을 때 속도 v가 되었다고 하자. **그림1b** 식처럼 탄성 에너지는 모두 공 운동 에너지로 바뀌고, 속도는 당긴 거리 x에 비례한다. 용수철(k가 큰 용수철)이 강하고, 공(m이 작은 공)이 가벼울수록 속도 v가 빨라진다. 실제 용수철에는 질량이 있고, 탄성 에너지 일부는 용수철이 줄어드는 운동 에너지에 쓰여 공 운동 에너지로 바뀌는 분량이 줄어든다.

이런 이유로 용수철이 가벼울수록 효율이 높아진다. 활(용수철)과 화살(공)도 원리는 같으며 화살 질량이 일정하다면, 가볍고 강한 활을 힘차게 당길수록 화살 속도는 빨라진다.

그림1 화살에 주어진 탄성 에너지

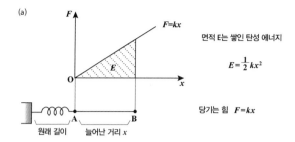

(a)

면적 E는 쌓인 탄성 에너지

$$E = \frac{1}{2}kx^2$$

당기는 힘 $F = kx$

(b)

B까지 늘어난 용수철 끝에 질량이 m인 공을 붙여 살짝 놓으면, A까지 돌아왔을 때 속도 v가 된다.

공 운동 에너지 $\frac{1}{2}mv^2$ = 탄성 에너지 $\frac{1}{2}kx^2$

$$v = \sqrt{\frac{2E}{m}} = \sqrt{\frac{k}{m}}\, x$$

그림2 휜 활의 최대 장점

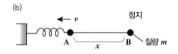

(a)

① 뒤로 휨 : 화살을 시위에 메기기 전에는 바깥쪽으로 젖혀진다.
② 하리가오(張顔) : 화살을 시위에 메긴 상태
③ 히키나리(引き成) : 잔뜩 잡아당긴 상태

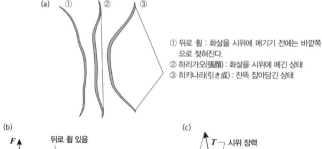

(b)

뒤로 휨 있음

뒤로 휨 없음

상하 비대칭
활도 동일

(c)

T — 시위 장력

$F = 2T\cos\theta$
당기기 시작했을 때
$\theta = 90°$에 $F = 0$

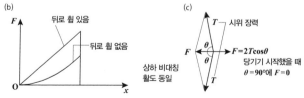

● 일본 장궁이 화살을 쏘는 원리는?

일본 장궁은 죽도나 둥근 봉이 아니라, 여러 장의 재료를 겹친 구조로 되어 있다. 그림2a처럼 뒤로 휜 활로, 화살을 시위에 물려 당기지 않아도($x = 0$) 상당한 장력 T가 발생한다. 화살을 시위에 메겨 활을 당긴 거리와 당기는 힘 사이의 관계는, 활 재질과 구조에 따라 다르지만, 대개 그림2b처럼 직선이 된다. 활이 뒤로 휘었는데도, 활을 당기기 시작할 때($x = 0$) 당기는 힘 F가 약한 이유는 그림2c를 참고하자.

뒤로 휜 활에는 그림2b 직선 아래 넓이에 해당하는 탄성 에너지가 쌓인다. 이어서 화살을 시위에 메기고 쏘았을 때 시위를 통해 화살에 걸리는 힘 F'는, 이론에 따르면 그림3이 된다(활 구조와 화살 무게에 따라 달라진다.).

힘 F'가 F보다 약한 이유는 재질에 따라 당길 때 힘보다 돌아올 때 힘이 좀 더 약해지기 때문이다. 비록 재질이 완전하더라도, 힘 있게 돌아오면서 활의 각 부분도 속도가 빨라지고, 거기에 힘을 다 써 버렸으므로 막상 화살에 전해지는 힘은 줄어든다. 에너지 관점에서 보면 활 탄성 에너지가 상당 부분 활 운동 에너지로 사용되어, 화살로 돌아가는 분량이 줄어든 것이다.

마지막($x = 0$)에, 화살에 가하는 힘이 당겼을 때보다 세진다. 이것은 활이 세차게 튀어 오르며 활시위가 강하게 당겨졌기 때문이다. 활 자신이 마지막까지 가진 에너지는 활을 진동시켜 과녁을 겨냥하는 것을 방해한다.[48]

일본 장궁은 화살과 활이 위치한 관계 때문에 화살이 오른쪽으로 날아간다. 이를 막기 위해 활을 왼쪽으로 비튼다(그림4). 화살을 쏘고 나면 활시위가 앞쪽에 있는 건 이 때문이다. 이 비트는 운동 에너지도 일부는 쌓인 탄성 에너지를 돌려쓴 것이다.

---

48 일본 장궁은 활 중간보다 아래를 잡는데, 이 부분이 진동이 적다고 알려져 있다.

그림3 활을 당기고 나서 쏠 때까지 에너지가 변하는 과정

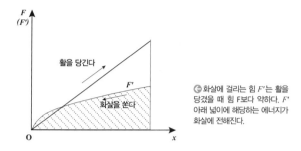

◀ 화살에 걸리는 힘 F'는 활을 당겼을 때 힘 F보다 약하다. F' 아래 넓이에 해당하는 에너지가 화살에 전해진다.

그림4 화살을 정면으로 날리기 위한 '활 뒤로 젖히기'

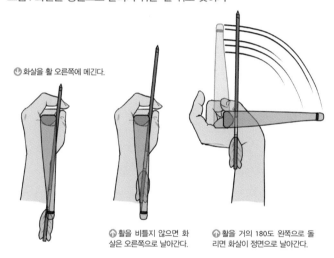

↪ 화살을 활 오른쪽에 메긴다.

↑ 활을 비틀지 않으면 화살은 오른쪽으로 날아간다.

↑ 활을 거의 180도 왼쪽으로 돌리면 화살이 정면으로 날아간다.

Question
47 실제 화살은 위력이 어느 정도였을까?

보통 활은 남성이 힘껏(약 90cm) 당겼을 때 세기가 14~18kgw라고 한다. 강한 무사는 50kgw(= 50×9.8N = 490N. N은 힘의 국제단위인 뉴턴으로 약 0.102kgw)가 넘는 활을 당겼다고 한다. 활을 당겼을 때 쌓인 탄성 에너지는 아래와 같다.

$$\frac{1}{2}\times 0.9\text{m}\times 490\text{N} = 221\text{J}$$

앞서 설명했듯이 화살에는 일부 탄성 에너지만 전해진다. 이번에는 약 3분의 2인 150J이 전해졌다고 하자. 이는 헤비급 복싱 선수가 펀치를 날렸을 때 팔 운동 에너지와 비슷하며, 시속 약 164km/h로 던진 야구공 운동 에너지와 맞먹는다. 실전에 쓰는 화살 무게인 60g으로 하고, Q46 **그림1**의 식($v = \sqrt{\frac{2E}{m}}$)에 대입하면, 화살 속도는 초속 86.7m/s(시속 309km/h)가 된다. 공기 저항이 없는 진공 상태라면 올려본각 45°로 510m나 날아간다는 계산인데 현실에서도 300~400m 정도는 날아갈 것이다.

오른쪽 사진의 화살 끝, 즉 화살촉은 창과 같은 꿰뚫는 힘을 가진다. 운동 에너지를 가진 화살이 40kgw 힘으로 물체에 닿으면 38cm 깊이로 꽂힌다. 400kgw의 매우 단단한 물체라도, 꽂히는 깊이가 3.8cm이다. 헤비급 복싱 선수가 날린 주먹이 예리한 쇠촉이 된 것과 마찬가지다.

실제로 화살은 비행 중 공기 저항으로 인해 운동 에너지가 줄어든다. 또한 명중할 때 발생하는 충격으로 화살이 진동하며 에너지가 흩어지므로 꿰뚫는 힘은 계산보다 조금 떨어진다. 하지만 화살은 창에 비해 매우 가벼운 대신 위력이 대단하다.

⬆ 화살의 위력은 과녁 넘어 벽에 깊이 박힐 정도다.

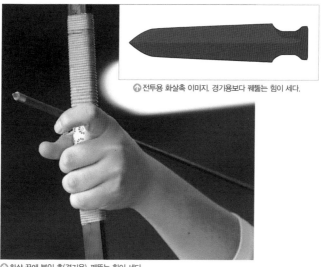
⬆ 전투용 화살촉 이미지. 경기용보다 꿰뚫는 힘이 세다.

⬆ 화살 끝에 붙인 촉(경기용). 꿰뚫는 힘이 세다.

Question
48

활시위를 떠난 화살은
이론대로 날아갈까?

Q46, Q47에서 활과 화살의 원리를 살펴봤지만, 그 원리를 깊이 들여다보면 예상치 못한 현상이 발생하기도 한다. 활시위를 떠날 때 화살에 진동이 생긴다거나, 화살 방향과 화살이 날아가는 방향이 서로 어긋난다거나 하는 일이 바로 그 현상이다. 일본 장궁에서는 활시위에 엄지손가락을 걸고 다른 손가락으로 그 위를 누른다. 양궁은 집게손가락, 가운뎃손가락, 약손가락으로 시위를 당겼다 놓는다. 이때 시위는 힘을 뺀 손가락 위를 미끄러지듯이 움직이는데, 일본 장궁에서는 시위가 오른쪽으로, 양궁에서는 시위가 왼쪽으로 움직인다. 다시 말하면, 활 뒷부분(오늬)에 가로 방향 힘이 전해진다.

이렇듯 화살 방향을 제어하지 못해 화살에 진동이 생기고, 화살은 요동치면서 날아간다(**그림1**). 또 구부러진 화살이 활에서 힘을 받아, 화살 방향과 날아가는 방향이 서로 어긋난다.

진동은 점점 약해지지만, 화살이 가장 심하게 구부러진 순간에 매우 가까이에 있는 과녁에 닿으면 화살은 더 구부러지고 위력이 줄어든다. 그래서 너무 가깝지 않은 적절한 사정거리가 필요하다고 말하는 연구자도 있다. 진동을 제어하려면 활시위를 떼어 놓는 기술(**그림2**)이 있어야 하고, 특히 일본 장궁에서는 활을 되돌리는 기술이 중요하다. 또한 화살 속도를 빠르게 하는 시간(당긴 활이 돌아올 때까지 시간)을 결정하는 활 강도와, 화살 무게와 진동주기를 결정하는 화살 경도도 조정해야 한다. 단단할수록 진동 주기가 짧다.

화살이 날아가는 방향(중심이 나아가는 방향)과 화살 방향이 그대로 어긋나 있으면, 공기 저항이 커서 사정거리가 늘지 않는다. 화살 뒤에 날개 서너 장이 붙어 있는 것은 비행기 꼬리와 같은 원리로, 화살이 나아가는 방향을 화살 쪽으로 돌리는 작용이 있기 때문이다(**그림3**). 견고한 장갑차를 뚫기 위해 만든, APFSDS[49]라고 불리는 군사용 포탄에도 이 원리를 활용한다.

---

49 날개 안정 분리 철갑탄.

빠른 속도로 발사해야 하는 구조이다 보니, 방향을 안정적으로 유지하게 하는 스핀을 걸지 못하는 대신 날개를 붙인다.

그림1 화살은 좌우로 요동치며 날아간다

그림2 화살이 활시위를 떠나는 순간, 시위가 화살 뒤쪽 끝을 오른쪽으로 누른다

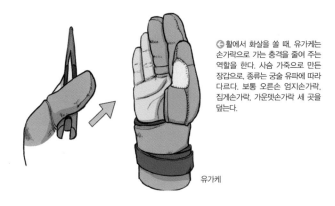

◐ 활에서 화살을 쏠 때, 유가케는 손가락으로 가는 충격을 줄여 주는 역할을 한다. 사슴 가죽으로 만든 장갑으로, 종류는 궁술 유파에 따라 다르다. 보통 오른손 엄지손가락, 집게손가락, 가운뎃손가락 세 곳을 덮는다.

유가케

그림3 날개 작용

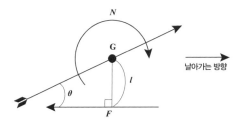

G : 중심
F : 날개에 작용하는 공기 힘
　(엄밀하게 날아가는 방향과 정반대라 할 수
　는 없다.)
N = Fl : 화살 방향을 날아가는 방향으로 돌리는
　돌림힘(어긋나는 각도 θ가 클수록, l도 멀어
　지고 F도 세진다.)

Question 49

사슬낫은 위력이 어느 정도일까?

사슬낫은 미야모토 무사시(宮本武蔵)와 싸워서 진, 시시도 바이켄(宍戸梅軒)의 무기로 유명하다. 길이가 50cm쯤 되는 자루에, 한쪽 끝에는 낫의 칼날을 붙이고 다른 한쪽 끝에는 추가 달린 쇠사슬을 덧붙인 모양이다. 쇠사슬 길이가 짧은 것은 약 60*cm*이고, 긴 것은 3.5m가 넘는 것도 있다(그림1). 사슬낫의 특징은 다음과 같다.

①쇠사슬에 달린 추가 빠르고 힘이 세다.

②상대 무기나 손발, 목에 사슬을 휘감을 수 있다.

①에 대해 살펴보면, 보통 회전하는 물체의 끝부분은 빠르다. 손등으로 회전하며 치는 주먹이 스트레이트로 때리는 주먹보다 빠르고, 돌려 차기 하는 발끝이 앞 차기 하는 발끝보다 빠르다. 이때 팔과 다리는 무척 가벼워, 마치 사슬낫에 달린 긴 사슬이 되거나 사슬 끝에 달린 추가 된 듯하다. 사슬 끝에 달린 추는 매우 빠르다.

머리, 무릎, 팔꿈치 등 단단한 부위가 추에 맞으면, 추의 충격력이 최대치로 커지며 맞은 부위는 부러진다. 칼로 추가 달린 쇠사슬을 제대로 받아 내면, ②번처럼 쇠사슬이 칼을 휘감게 된다.

본질을 이해하기 위해 쇠사슬이 추에 비해 매우 가볍다고 가정하자. 추에 칼 옆면이 맞으면, 칼이 부러질 수 있다. 그래서 칼로 쇠사슬 부분을 받아 내는데, 이때 추는 받아 낸 부분을 중심으로 칼을 도는 회전운동을 하고 추 속도는 느려지지 않는다(그림2). 이렇게 감긴 쇠사슬에 맞아도 직접 맞은 것과 같이 위력이 세다. 설사 맞지 않더라도 휘감긴 칼을 낚아채인다. 다리가 쇠사슬에 휘감기면, 넘어져 낫에 베인다.

사슬낫에 대처하는 방법이 있다. 추가 내 머리를 노리고 수평으로 날아온다면, 그 움직임에 대항하지 말고 추 가까이에 있는 쇠사슬을 부드럽게 차올리면서 칼을 뺀다. 그러면 쇠사슬로 칼을 감기 어려울 것이다(그림3).
그 밖에 숲처럼 추를 휘두르기 어려운 장소로 대피하는 방법도 있다.

그림1 사슬낫이란?

⊙사슬낫. 추의 속도와 위
력은 대단하다. 쇠사슬을
상대 무기나 손발, 목에 휘
감을 수 있다.

그림2 사슬낫에 붙어 있는 추의 움직임

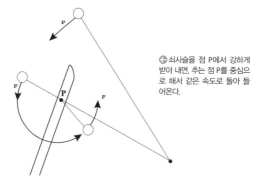

⊙쇠사슬을 점 P에서 강하게
받아 내면, 추는 점 P를 중심으
로 해서 같은 속도로 돌아 들
어온다.

그림3 휘감기지 않고 추를 쳐 내는 방법

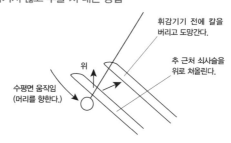

휘감기기 전에 칼을
버리고 도망간다.

추 근처 쇠사슬을
위로 쳐올린다.

위

수평면 움직임
(머리를 향한다.)

Question

50 쌍절곤은 어떤 무기?

쌍절곤은 중국 소림사나 오키나와 고류 가라테(古流空手)에서 많이 사용하지만, 원래는 말을 부리거나 농사를 짓는 데 쓰는 기구였다고 한다. 보통 두 개의 봉(곤. 길이 약 30cm, 두께 약 3cm)을 길이가 약 10cm인 끈이나 사슬로 잇는다(총중량 약 0.4kg).

이소룡이 영화에서 선보인 화려한 무예를 계기로, 한때 쌍절곤 붐이 일었다. 역학 원리로 보아도 다른 무기보다 흥미롭다. 쌍절곤의 역학 원리에 따른 특징은 다음과 같다.

① 빠르게 흔들리고 충격력이 예리해, 단단한 과녁에 강한 위력을 발휘한다.

② 제어하기 어렵고 당사자도 다칠 수 있다.

①을 살펴보면, 봉은 빠르게 흔들 수 있는 구조를 지녔다(자세한 설명은 그림2). 하지만 봉 하나의 무게(질량)는 약 0.2kg으로 가벼워(목검의 약 3분의 1), 충격력은 순간 커지지만 과녁을 날려 버리거나 상대 몸통 깊이 파고드는 무게(충격량 = 봉 운동량 = 봉 질량×속도)는 기대할 수 없다. 또 팔심이나 손에 든 봉의 힘(운동량)을 끈이나 사슬을 통해 과녁에 전달할 수 없다.[50]

따라서 겨냥해야 할 목표는 머리, 빗장뼈, 팔꿈치, 손과 같이 단단한 부위다. 약간 큰 쌍절곤으로 콘크리트 블록을 두 동강 내는 시범을 본 적이 있는데, 이 충격력이 머리에 작용하면 즉사할 수 있다. 반면 옆구리는 제외하고, 몸통 가운데처럼 무른 부위에는, 그림1처럼 날카로운 충격력이 사라져 큰 효과를 기대할 수 없다.

---

50 Q28 참고.

그림1 단단한 과녁과 무른 과녁에 전해진 충격량 차이

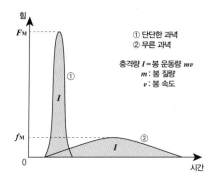

① 단단한 과녁
② 무른 과녁

충격량 I = 봉 운동량 mv
m : 봉 질량
v : 봉 속도

◀ 단단한 과녁에는 순간 충격력 F_M이 세게 작용하지만, 무른 과녁에는 충격력 f_M이 약해진다.

그림2 쌍절곤의 움직임

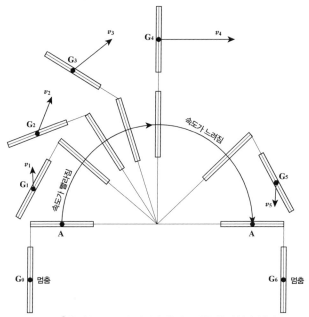

⊙ '원봉'의 중앙 A를 잡고 원에 가까운 궤도로 휘둘렀을 때 '선봉'의 움직임

②에 대해서는, 먼저 봉 두 개를 끈으로 연결한 효과를 생각해 보자. 그림 2처럼 왼쪽 아래에 멈춘 쌍절곤(편의상 '원봉'이라고 한다.)의 중앙 A를 잡고 원에 가까운 궤도로 휘두른다고 하자. 끈은 끝 쪽 봉(편의상 '선봉'이라고 한다. 중심 위치는 G_0)과 거의 일직선에 있고, 끈 방향으로 선봉을 끌어당긴다. 그림 가운데까지는 속도가 빨라지는 시기, 이후(그림 오른쪽 절반)는 속도가 느려지는 시기다.

원봉이 $45°$ 정도 돌아도, 선봉 중심이 아직 G_1에 있어 느리다. 이 위치에서는 과녁에 닿아도 속도가 너무 느리다. 속도 방향과 봉이 수직이 아니라 비스듬해, 맞더라도 위력은 없다.

원봉을 계속 돌리면, 선봉은 원심력에 의해 G_2, G_3를 거쳐 회전축 바깥쪽으로 휘둘리면서 급격히 빨라진다. 결국 원봉 회전을 따라잡아, G_4처럼 원봉과 선봉이 한 선 위에 놓이게 된다. 이때 선봉은 매우 빠르며 속도 방향과 봉은 수직이 된다. 과녁을 때릴 수 있는 가장 알맞은 타이밍이다. 자세한 설명은 생략하지만, 중심 G_4보다 약간 끝 쪽(정확한 위치는 휘두르는 방법에 따라 다르다.)으로 때리면 가장 큰 충격력이 발생한다.

그럼 목표대로 G_4에서 과녁을 때렸다고 하자. 선봉은 힘 있게 튕겨 나와 쌍절곤을 휘두른 당사자 몸에 맞는다(그림3). 이를 막으려면 상대를 때린 후에도 쌍절곤을 계속 휘둘러야 한다. 원심력에 의해 선봉이 다시 원 궤도 바깥쪽으로 휘둘리면, 쌍절곤이 당사자를 때리는 일을 피할 수 있다. 또 쌍절곤을 잘못 돌려 선봉을 제어할 수 없는 상태가 되어도 원봉을 원 궤도에서 한 바퀴 돌리는 원심력으로 다시 쌍절곤을 통제할 수 있다.

그림2의 왼쪽 절반은 속도가 빨라지는 시기로, 손이 원봉을 움직이고 끈이 선봉을 끌어당겨 선봉에 에너지를 공급했다. 오른쪽 절반은 속도가 느려지는 시기로, 선봉이 끈으로 원봉을 당기고 원봉이 손을 끌어당기므로 선봉이 에너지를 잃고 안전하게 멈춘다. 원봉을 급하게 멈추면 그림4처럼, 에너지가 줄지 않은 선봉이 쌍절곤을 휘두른 당사자를 때린다.[51]

---

51 Q49 그림2 참고.

그림3 과녁을 때린 후 쌍절곤의 움직임

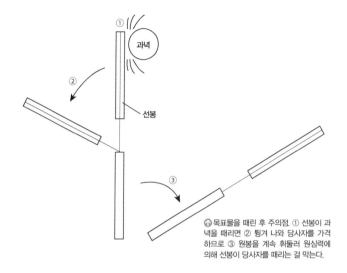

목표물을 때린 후 주의점. ① 선봉이 과녁을 때리면 ② 튕겨 나와 당사자를 가격하므로 ③ 원봉을 계속 휘둘러 원심력에 의해 선봉이 당사자를 때리는 걸 막는다.

그림4 원봉을 급하게 멈추면…

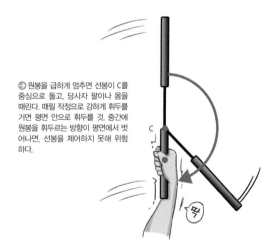

원봉을 급하게 멈추면 선봉이 C를 중심으로 돌고, 당사자 팔이나 몸을 때린다. 때릴 작정으로 강하게 휘두를 거면 평면 안으로 휘두를 것. 중간에 원봉을 휘두르는 방향이 평면에서 벗어나면, 선봉을 제어하지 못해 위험하다.

그림5 등에 맞는 경우

⬅ 오른쪽에서 왼쪽으로 평평하게 휘둘렀는데, 팔꿈치를 고정했으므로 쌍절곤을 잡은 손이 자연스럽게 갑자기 멈췄다. 선봉은 그대로 뒤쪽으로 돌아 등을 때린다. 올바른 자세는 Q52의 그림1이다.

그림6 쌍절곤 자세 (예)

➡ 위아래 어디로든 공격할 수 있다. 지르기, 발차기, 칼싸움과 마찬가지로 쌍절곤에도 풋워크가 필요하다. 휘두르는 것만 신경 쓰며 그 자리에만 머물러 있는 건 위험하다. 절권도 자세와 풋워크를 그대로 사용하는 유파도 있다.

휘둘러서 때리는 것 말고도
쌍절곤을 활용하는 방법은?

쌍절곤은 보통 휘둘러서 공격하는 데 알맞은 무기다. 맨손이나 주머니칼과 같이 길이가 짧은 무기보다, 무기가 상대에 닿을 수 있는 범위가 확실히 넓다. 하지만 긴 봉을 방어해야 하거나, 도리어 상대와 몸을 바짝 붙여 싸워야 하는 상황에는 본래 위력을 발휘하지 못한다.

상대가 긴 봉으로 공격해 올 때, 내가 선봉을 휘둘러 상대 봉을 가격해도 팔심을 선봉에 전달하지 못한다. 그러므로 힘이 없는 선봉으로는 상대 봉의 방향을 바꾸거나 기세를 멈출 수가 없다. 그림1처럼 두 개의 봉을 잡고 상대 긴 봉을 막아 내는 경우, 긴 봉이 파고드는 힘 F와 거의 비슷한 힘 f를 두 봉에 주어도 $30°$ 정도는 가볍게 밀린다.

그림2처럼 긴 봉을 정면에서 받아 내지 말고, 긴 봉의 기세가 꺾인 순간 상대 봉을 누르면서 미끄러지듯 몸을 놀려 간격을 메우는 것도 방법이다. 밀고 들어온 긴 봉에 맞서, 두 봉을 포개서 하나의 짧은 봉처럼 한 손으로 잡고 상대 긴 봉을 튕겨 낼 수 있다. 하지만 짧은 봉으로 상대 긴 봉과 싸우는 거나 마찬가지이므로 역시 불리하다. 또 맨손 상대가 공격해 올 때는 그림3의 왼쪽처럼 쌍절곤 끝부분으로 때릴 수 있다.

가까이 붙어서 벌이는 싸움에는 불리한 쌍절곤이지만, 상대 목이나 손목을 감을 수만 있으면 강한 힘으로 조일 수 있다(그림3 오른쪽). 끈으로 목을 감아 조이면, 당기는 힘은 양손으로 끈을 당기는 힘과 같다. 쌍절곤은 끈 길이에 따라 다르지만, 그림4처럼 봉 두 개가 각각 지렛대 역할을 하므로 단순히 끈을 당길 때 보다 당기는 힘이 몇 배나 강해지기 때문이다.

어떻게 사용하든 쌍절곤은 어엿한 흉기이므로, 가지고 다닐 때는 항상 주머니에 넣고 다녀야 한다.

그림1 바람직하지 않은 쌍절곤 사용법

(a) 쌍절곤 양쪽 봉을 잡고 긴 봉을 막아 낸다.
(b) 봉 방향이 쉽게 바뀌면서 머리를 맞는다.
(c) 긴 봉 힘 F에 저항해 봉에 힘 f를 주어도, 각도 θ만큼 밀린다.

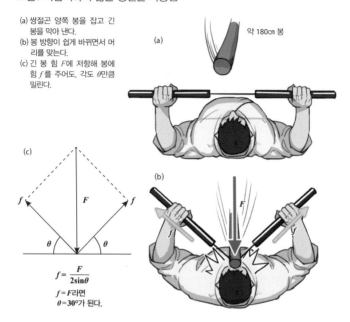

약 180㎝ 봉

$$f = \frac{F}{2\sin\theta}$$

$f = F$라면 $\theta = 30°$가 된다.

그림2 바람직한 쌍절곤 사용법

◑ 긴 봉 힘을 정면으로 받아 내지 말고 유연하게 공격 틈새를 노린다.

그림3 휘두르는 것 이외의 공격 방법

⬆ 공격해 온 상대를 쌍절곤 끝부분으로 때린다.

⬆ 쌍절곤 조르기는 강력하다.

그림4 쌍절곤 조르기가 강력한 이유

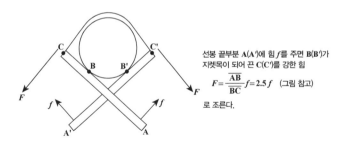

선봉 끝부분 $A(A')$에 힘 f를 주면 $B(B')$가 지렛목이 되어 끈 $C(C')$를 강한 힘

$$F = \frac{\overline{AB}}{\overline{BC}} f = 2.5 f \quad \text{(그림 참고)}$$

로 조른다.

52 쌍절곤을 화려하게 휘두르는 방법은?

이소룡이 영화 〈용쟁호투〉에서 능수능란하게 쌍절곤을 휘두르는 장면을 보고 감탄하셨던 분들이 많을 것이다. 나도 그중 한 명이다. 당시 직접 만든 쌍절곤을 휘두르다 쌍절곤에 얼굴이나 손가락이 맞아 다치기도 했다.

어느 무도인은 실전에서 쌍절곤을 마구 휘둘러서는 안 된다고 말하기도 한다. 이번 질문에서는 보여 주기 위한 행위로, 쌍절곤을 안전하게 휘두르는 방법을 생각해 보자.

보통 휘두르는 방법은 두 가지다. 첫째는 몸통이나 팔 따위의 몸에 휘감고 나서 역방향으로 다시 휘두르는 '되감기'이다. 둘째는 휘감긴 선봉을 다른 손으로 바꿔 잡고, 같은 방향으로 휘돌리는 '돌리기'다(그림1).[52] 양쪽 다 지켜야 할 세 가지 기본 원칙이 있다.

① 충분히 속도를 줄인다.
② 선봉 끝부분이 아니라, 중앙에서부터 끈에 가까운 부분을 받아 낸다.
③ 선봉 끈에 가까운 부분이 몸에 닿도록 조정한다.

①은 Q50의 그림2에서 설명했지만, 원봉을 갑자기 멈추면 선봉에 에너지가 그대로 남아 있어 위험하다. 원봉을 잡은 손이 선봉에 끌어당겨진다는 감각이 있으면, 봉의 속도가 유연하게 느려지고 있다는 뜻이다. ②는, 끈에 가까운, 즉 회전 중심에 가까운 부분일수록 속도가 느리기 때문이다. 끝부분을 받아 내다 손톱이 깨진 사람도 있다. ③도, 선봉 끈에 가까워 속도가 느린 부분이 몸에 닿아 감기듯이 회전하는 과정에서, 끈(원봉과 원봉을 잡은 손)을 당기므로 선봉이 에너지를 잃어 몸이 손상을 입지 않기 때문이다(그림2).

---

52 쌍절곤 예술가 히로키(宏樹) 씨가 사용하는 용어.

그림1 쌍절곤을 휘두르는 기술

⬆충분히 속도를 늦춘 후 선봉 끈에 가까운 부분부터 몸에 감기도록 해서 멈춘다. '되감기'

⬆오른손으로 잡고 앞쪽에서 어깨 너머로 돌린 선봉 가운데를, 왼손으로 받아 내고 이어서 오른쪽 겨드랑이 아래로 휘두른다. '돌리기'

그림2 쌍절곤 힘이 떨어지는 원리

① 선봉이 P_1에서 몸에 닿는다.

② 몸에 닿는 부분이 P_2로 이동하면서 회전한다.

①→② 방향으로 원봉이 Q_1에서 Q_2까지 당겨지는 사이, 선봉은 에너지를 잃고 안전하게 멈춘다.

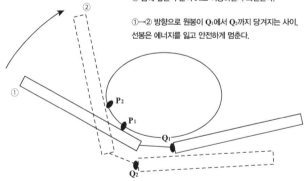

처음 배울 때는 고무로 만든 안전한 쌍절곤을 사용하면 좋다.

제5장

보법 · 몸놀림 · 감각을
속이는 과학

'난바 걷기'가 효율적이라는데 사실일까?

난바는 오른발과 오른손, 왼발과 왼손을 동시에 내밀며 걷는 방법이다. 유럽에 갔을 때, 현지 사람이 크게 허리를 비틀고 손을 흔들며 걷는 자세가 인상적이었다. 당연히 다리와 반대 방향으로 상체를 비틀고 팔을 흔든다. 현대 일본인도 움직임은 작지만, 보통은 이처럼 걷는다.

옛날 일본인은 옷매무새가 흐트러지지 않게 몸통을 비틀지 않고 걸었다. 특히 무사는 오른팔을 뒤로 흔들 때, 왼 허리에 찬 칼과 멀어지며 틈이 생기는 것을 매우 싫어했다. 그래서 손을 거의 흔들지 않는 '난바 걷기'에 가까운 방식으로 걸었다고 한다.

단거리 육상 선수 스에츠구 신고(末續慎吾)가 여기서 힌트를 얻어, '난바 달리기'로 좋은 성적을 거두면서 난바가 주목을 받았다. 그렇다고는 하나 걷거나 달릴 때 팔을 흔들지 않는 게 좋다거나 난바가 효율적이라고 하며, 난바를 심하게 오해하게 만드는 부분도 있는 것 같다.

이번 질문에서는 '왜 보통 팔과 다리는 반대로 흔들어야 하는가?', '그렇게 걷지 않아도 될까?'에 대해 생각해 보려 한다.

키워드는 각운동량(회전하는 힘)이다. **그림1**처럼 질량이 m인 물체가 일정 속도 v로 반지름 r인 원운동을 할 때, 원 중심 O의 주변 각운동량 L은 다음과 같이 정의할 수 있다.

$$각운동량\ L = 질량\ m \times 속도\ v \times 회전\ 반지름\ r$$

실제로 회전 운동을 하지 않아도, 질량이 같고 속도도 같은 물체가 B—C—D 일직선으로 이동할 때, C에 도착한 순간은 원운동을 한 것이나 다름없다. 이런 이유로 일직선 어디에 있어도 물체는 기준점 O 주변에서

그림1 각운동량(회전하는 힘)이란?

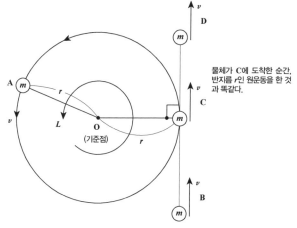

물체가 C에 도착한 순간,
반지름 r인 원운동을 한 것
과 똑같다.

⚠ 질량 m인 물체가 속도 v로 그림처럼 움직일 때, 기준점 O 주변의 각운동량 L은 B, C, D의 위치와 관계
없는 $L = mvr$이다. 반지름 r인 원운동을 계속하는 물체(위치 A)의 각운동량과 같다.

그림2 '달리기'란?

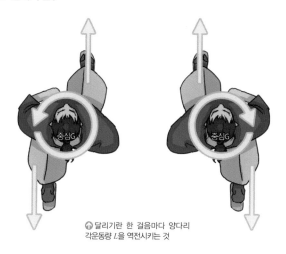

⚠ 달리기란 한 걸음마다 양다리
각운동량 L을 역전시키는 것

같은 각운동량을 갖는다.

그림2는 사람이 달리는 동작을 위에서 본 모습이다. 엉덩관절이 골반 바깥에 있어 일직선상에 착지하기 어렵다. 육상 트랙의 선 하나를 넘듯 착지하면, 땅을 제대로 차고 나갈 수 있다. 신체 중심 G에서 보면 왼 다리가 착지한 순간에 오른 다리는 앞으로, 왼 다리는 뒤로 움직인다. 즉 G를 중심으로 양다리 모두 왼쪽으로 각운동량을 갖는다. 다리는 **그림1**의 물체 같은 점은 아니지만, 여러 개의 점이 모인 것으로 간주하면 각운동량을 갖는다는 사실을 알 수 있다.

달리기는 걸음마다 양다리 각운동량을 반대 방향으로 바꾸는 것의 연속이다. 각운동량을 바꾸기 위해서는 돌림힘(회전력)이 필요하다. 땅에서 발로 작용하는 힘도 각운동량을 역전하는 돌림힘을 갖지만, 그 힘이 충분하지는 않다.[53] 그래서 손을 다리와 반대 방향으로 흔들어 손이 다리와 반대로 도는 각운동량을 갖게 하면,[54] 온몸의 각운동량이 적어지고 역전하는 돌림힘도 약해진다.

단거리 달리기는 다리를 빠르게 움직이므로 다리가 각운동량을 많이 갖는다. 달릴 때는 팔다리를 움직이는 간격이 짧고, 빠르게 각운동량을 역전해야 하므로, 다리의 각운동량을 없애기 위해서는 양손을 크게 흔들며 달려야 한다(**그림3a**). 팔 질량이 가벼운 선수는 회전 반지름을 길게 해서 손의 각운동량을 많게 한다(**그림3b**).

걸을 때는 다리의 각운동량이 적고 역전도 천천히 하는 게 바람직하므로, 팔을 심하게 흔들면 좋지 않다. 에너지 소비가 목적인 다이어트라면 상관없지만, 에너지를 낭비하게 된다. 또 양손에 짐을 들면 손의 질량이 몇 배나 무거워져, 손을 조금만 흔들어도 필요한 각운동량을 만들 수 있다.

계단이나 산길에서는 평지보다 움직임이 느리고, 다리는 앞뒤보다 위아래로 움직인다. 그러므로 **그림2**와 같은 각운동량은 거의 없어, 손을 흔들 필요가 없다. 한번 들어 올린 손을 흔들며 내리는 건 낭비이므로, 난바 걷기가 바람직할 수 있다.

---

53 Q31 참고.
54 팔은 다리보다 질량이 가볍지만, 중심에서 본 회전 반지름이 길기 때문에 많은 각운동량을 갖는다.

그림3 단거리 달리기 자세

(a)

◀다리 각운동량을 없애기 위해 다리와 반대로 손을 크게 흔든다.

▶어깨가 좁아 왜소한(질량 m이 가볍다.) 선수는 손을 바깥으로 흔들어(반지름 r이 길다.) 손의 각운동량을 많게 한다(착지점이 한 선 위에 놓이는 게 아니라는 점에 주의).

(b)

그림4 그림3의 a를 위에서 내려다본 자세

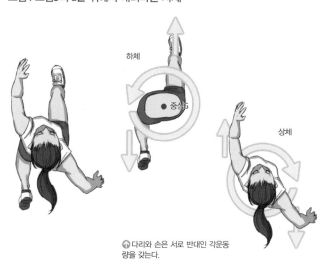

하체

중심G

상체

⬆다리와 손은 서로 반대인 각운동량을 갖는다.

Question 54

무술에는 발바닥 전체를 바닥에 대는 보법이 많은데, 어떤 장점이 있을까?

현대 검도는 뒷다리 뒤꿈치를 띄우지만, 고류 검술에서는 보통 뒤꿈치를 띄우지 않는다. 미야모토 무사시(宮本武蔵)는 '뒤꿈치를 힘 있게 디뎌야 한다.'라고 『오륜서』에 썼다. 맨손 경기인 격투 스포츠도 뒤꿈치를 띄운다. 반면 스모는 바닥에 있는 모래를 잡을 만큼 발가락을 오므리며 바닥을 스치듯이 걷고, 뒤꿈치를 완전히 땅에 붙여 땅으로 힘을 전달한다. 까치발을 한 스모 선수는 불안정하다. 먼저 밀어붙이더라도, 상대에게 던져져 바로 역전된다. 안정함이 요구되는 계열인 합기도나 유도, 중국 무술도 뒤꿈치를 바닥에 대는 보법을 사용한다.

● 뒤꿈치를 띄우면 생기는 이익과 손실은?

뒤꿈치를 띄우면 발목 탄력, 즉 종아리의 장딴지근과 가자미근으로 이어지는 아킬레스건의 탄성을 이용할 수 있다는 장점이 있다(**그림1**). 당연히 착지도 부드럽게 할 수 있다. 케냐와 에티오피아 마라톤 선수가 세계 기록을 계속 경신하는 이유는 까치발로 부드럽게 착지해 넓적다리 근육 부담을 줄일 수 있고, 착지할 때마다 아킬레스건이 늘어나며 저장한 탄성 에너지를 아킬레스건이 오그라들 때 다시 이용하기 때문이라고 한다. 복싱의 율동 같은 풋워크도 탄성을 이용한 것이다.

패럴림픽에 출전하는, 한쪽 혹은 양쪽 발이 없는 육상 선수는 발목 탄성을 최대한 이용한다. 장딴지 근육이 없어도 탄소 섬유로 만든 의족이 휘는 탄성 에너지를 이용해 비장애인에게 지지 않는 기록을 내며 올림픽에 출전한 선수도 있다. 단, 바닥을 차는 힘을 의족이 흡수해, 바닥을 빠르고 강하게 차는 게 어려워 출발 직후 속도를 빠르게 하는 데 무리가 있다.[55] 발목 탄

---

[55] 종아리 근육 힘이 없는 것도 이유다.

성을 이용하는 장단점은, 그들이 달리는 모습을 보면 금세 파악할 수 있다.

그림1 무릎 아래 구조

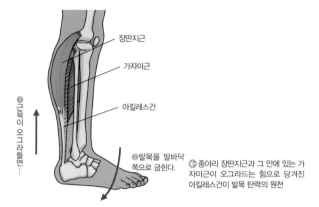

장딴지근

가자미근

아킬레스건

❶근육이 오그라들면…

❷발목을 발바닥 쪽으로 굽힌다.

🅖 종아리 장딴지근과 그 안에 있는 가자미근이 오그라드는 힘으로 당겨진 아킬레스건이 발목 탄력의 원천

● 뒤꿈치를 바닥에 붙였을 때 장점

보법은 싸우는 장소에 따라 이롭기도 하고 해롭기도 하다. 뒤꿈치를 띄워 까치발로 서면 땅과 닿는 면적이 좁아, 닿는 점에 센 압력이 전해진다. 땅이 단단하면 문제가 없지만 모래나 나뭇잎이 쌓인 부드러운 숲의 토양 위라면, 까치발이 미끄러지거나 땅속에 박혀 발목 탄력을 제대로 활용할 수 없다. 사막에서는 발굽이 가늘어 잘 뛰어오르는 사슴보다 발바닥이 넓은 낙타가 빨리 달릴 수 있다. 오키나와의 고류 가라테는 그 지역에 사는 사람에게 친숙한 자연환경인 해변에서도 싸울 수 있도록 발바닥을 완전히 바닥에 붙인 보법을 사용한다.

뒤꿈치를 붙이면 발목 탄력은 활용할 수 없지만, 반대로 재빠르게 강한 힘으로 발을 내디딜 수 있는 장점이 있다. 두 가지 예를 들어보자.

그림2처럼 양손을 겹쳐 상대 가슴에 대고 뒷발 뒤꿈치를 띄워 한번 중심을 끌어올린다. 그리고 뒷발을 발중(拔重)해 중심을 낮춘다.[56] 떨어지는 힘

---

56 앞발도 자연스럽게 발중한다. 발중(拔重)은 Q56~57을 참고.

을 뒷발 뒤꿈치로 받아 내며 동시에 앞발을 완전히 발중하면(감각적으로 '무릎을 빼고' 골반이 앞으로 쉽게 이동한다.), 온몸이 앞으로 갑자기 빨라진다. 그 기세를 양손으로 상대에게 전달하면, 상대는 날아간다.

뒤꿈치를 땅에 딛지 않고 발목 탄력에 의존하면, 탄력이 푹신푹신해지며 첫 동작이 느슨해져, 위력이 크게 줄어든다. 양손은 봉처럼 버티며 그저 힘을 전달할 뿐이다. 손으로 밀려 하면 팔꿈치가 굽어 역시 쿠션처럼 푹신푹신해진다.

그림3에서는 A가 앞뒤로 벌린 양발의 뒤꿈치를 붙인 채 뒤쪽으로 늘어뜨린 목검을 B가 움직이지 못하게 잡아당긴다. 상식에 따르면 A는 앞으로 걸어 나갈 수 없다. 하지만 A가 순간 앞다리를 발중하면서 뒷다리 뒤꿈치로 버티면, B를 끌며 앞으로 나아갈 수 있다. 이때 뒤꿈치를 띄우면 첫 동작이 느슨해져 B가 알아채 대응하므로 실패한다.

그림2 뒤꿈치 힘 ①

(a)

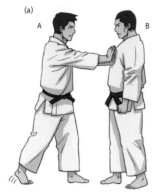

A 　　　B

⬆ A가 뒷발 뒤꿈치를 띄워 중심을 높인다.

(b)

⬆ 발중해서 떨어지는 기세를 뒷발 뒤꿈치로 받아 내면서, 앞발 무릎을 빼면 몸이 앞으로 갑자기 빨라진다. 그 기세를 양손으로 전달하면 B는 날아간다.

그림3 뒤꿈치 힘 ②

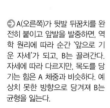

➡ A(오른쪽)가 뒷발 뒤꿈치를 완전히 붙이고 앞발을 발중하면, 역학 원리에 따라 순간 '앞으로 기운 자세'가 되고, B는 끌려간다. 자세에 따라 다르지만, 목도를 당기는 힘은 A 체중과 비슷하다. 예상치 못한 방향으로 당겨져 B는 균형을 잃는다.

B 　　　　　　　A

Question 55
태극권도 발바닥을 붙인 보법을 사용하는데 위력은 어떨까?

안정성 문제는 차치하고, 발목 탄성을 최대한 이용한 복싱 풋워크가 가장 빠르다고 생각하는 사람도 많겠지만 꼭 그렇지만은 않다.

나도 민첩성에는 자신이 있는 편이었다. 어느 날 태극권 도장을 운영하는 이케다 히데유키(池田秀幸) 선생님과 넓은 주차장에서 술래잡기를 했다. 이케다 선생님은 발바닥을 붙이고 보폭을 넓게 잡은 자세로 내 눈앞에 서 있었다. 그런데 내가 잡았다고 생각한 순간, 이케다 선생님은 쓱쓱 피했다. 이케다 선생님이 내 손에 닿는 일은 한 번도 없었다. 이케다 선생님은 발중(拔重)을 이용해 순간 속도를 빠르게 하며, 격투기 전문가가 보여 주는 경쾌한 풋워크에 걸맞은 민첩한 몸놀림을 구사했다.

이케다 선생님의 보법은 단순히 빠르기만 한 게 아니라, 위력도 아울러 갖추었다.

그림1a는 체격이 좋은 제자가 보통 걷기로 파고들어 오른 주먹으로 얼굴 지르기를 해오는 걸, 이케다 선생님이 아슬아슬하게 피하는 장면이다. 이미 앞발을 내딛기 시작했다. 이처럼 앞발은 움직이는데, 역학 원리에 따르면 Q54의 **그림3**처럼 앞발을 발중(拔重)한 것이 된다.

또 **그림1b**처럼 몸을 숙여 위치 에너지를 이용하고, 뒷발의 '뒤꿈치 힘'에 힘입어 앞으로 나아가는 힘으로 앞발을 내디디면서 속도를 빠르게 한다. 이때 생긴 몸 중심의 운동량을, 어깨를 이용해 상대 옆구리에 전달한다. 뒷발 뒤꿈치와 상대와 접촉한 어깨 위치가 몸 중심과 나아가는 방향을 포함한 평면 안쪽에 있으면, 운동량이 제대로 전달되어 위력이 증가한다.

그림1c에서는 안전을 위해 간단한 발경(発勁)을 사용했지만, 기세 좋게 달려든 제자[57]는 날아갔다.

---

57 오랫동안 가라테를 수련한 제자.

그림1 발바닥을 붙인 보법의 위력

(a)

🔄 제자(오른쪽)가 파고들어 오른 주먹으로 지르는 걸 발중(拔重)하면서 피한다.

(b)

🔄 숙이면서 파고드는 위치 에너지를 이용. 뒷발 '뒤꿈치 힘'으로 앞쪽으로 갑자기 속도를 빠르게 해. 상대 옆구리를 어깨로 친다.

(c)

🔄 덩치가 큰 제자가 반대 방향으로 날아간다. 여기까지 발목 탄성을 전혀 쓰지 않는다.

중력을 이용해 민첩하게 움직이는 방법은?

'무릎 빼기'라든지 '빼기 동작'이라 불리는 동작이 있다. 몸무게를 지탱하는 다리 전체(엉덩관절과 무릎 관절과 다리 관절 = 발목) 힘을 갑자기 빼는 동작을 이 책에서는 '발중(拔重)'이라 부른다. 우선 발중의 효과를 보여 주는 실험 결과를 살펴보자.

남녀 대학생 15명을 대상으로, 전등이 켜지면 가능한 한 빠르게 옆으로 60 cm 이동하게 하고, 대표점(몸통 중심 = 양쪽 어깨와 양쪽 허리, 총 네 군데의 중심)이 이동하는 데 걸리는 시간(전등에 반응할 때까지 시간은 제외)을 쟀다.

앞쪽에서 다가오는 위험(오토바이나 몸집이 큰 사람이 부딪침)을 가로 방향으로 재빨리 피하는 건 우리 몸을 지키는 기본[58] 동작이다.

설명을 듣기 전에 학생들은 자신만의 방법으로, 설명을 듣고 나서는 지도를 받은 방법으로 실행했다. 말로만 지도했으며 발중을 실제로 해 본 사람과 해 보지 않은 사람의 움직임을 각각 동영상으로 보여 주고 연습하게 했다.

그림1은 결과다. 이동하는 데 걸리는 평균 시간은 훈련 전 0.64초에서 훈련 후 0.56초로 짧아졌으며 전원이 빨라졌다. 그림2처럼 숙이고 들어가면서(수직 방향) 대표점이 이동한 평균 거리가 훈련 전 9 cm에서 훈련 후 17 cm로 늘어났다. 단순하게 생각하면 숙이고 들어간 만큼 빨라진 것이다. 다시 말하면 중력의 위치 에너지가 몸이 움직이는 운동 에너지로 바뀐 것이다.

하지만 발중이 어설퍼 천천히 숙이고 들어가거나 무릎을 깊게 구부린 학생은, 오히려 숙이고 들어가는 데 시간이 걸려 느려졌다. 발중을 할 때에는 완전히 힘을 빼야 하며, 알맞은 시간 안에 동작을 완성하면 민첩하게 이동할 수 있다. 보통 이동해야 하는 거리에 따라 발중 시간을 조정해야 한다.

---

58 몸통을 비틀기만 해도 어느 정도 피할 수 있지만, 가로로 짧게만 움직여도 충분한 경우가 많다.

그림1 가로 방향으로 60㎝ 이동하는 데 걸린 시간(초)

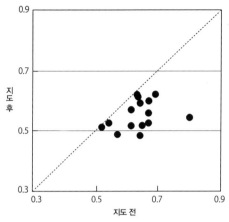

↑ 전원이 지도를 받은 후 빨라졌다. (그림1, 2:이시나베 팀. 2011년 이후 저자 변경)

그림2 숙이고 들어간 거리(m)와 가로 방향으로 이동하는 데 걸린 시간(초)

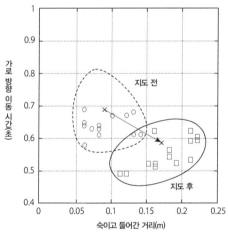

↑ 지도를 받은 이후, 숙이고 들어가며 대표점이 이동한 거리는 평균 9㎝에서 17㎝로 길어졌고, 가로로 이동하는 데 걸린 시간은 평균 0.64초에서 0.56초로 짧아졌다.

발중(拔重)할 때 이용하는 중력과, 바닥에 붙인 뒤꿈치는 무슨 관계일까?

우선 **그림1**을 보자. '물체가 정지 상태에서 등가속도로 움직일 때'(A)와 '최초 가속도가 2배로 클 때'(B)의 비교다. 가로축은 움직이기 시작한 후의 시간, 세로축은 각 순간 속도다.[59] 그래프 아래 면적(빗금을 그은 부분, 어둡게 칠한 부분)이 이동 거리다.

A가 전반(t가 0~1)에 이동한 거리는 5, 후반(t가 1~2)에 이동한 거리는 15로, 총 20만큼 이동했다. $t = 1$에서 속도는 최종 속도의 절반인 10이지만, 전반에 이동한 거리는 전체 이동 거리의 4분의 1밖에 되지 않는다. 즉 등가속도 운동은 전반에 움직임이 적다.

그래서 B처럼 전반의 가속도를 A의 2배로 하고, 후반에는 속도를 일정하게 한다. 이렇게 하면 전반(t가 0~1)에 이동한 거리는 10, $t = 1.5$에서는 이동한 거리가 20에 이른다. A가 20에 이르는 데 걸리는 시간에 비해 4분의 3 수준으로 줄어든다. 초기 가속도가 크면 이처럼 일정 거리를 이동하는 데 걸리는 시간이 짧아진다.

다음으로 중력을 이용하는 것에 대해 생각해 보자. **그림2**처럼 점 P에 멈춘 물체가 마찰 없는 경사면을 점 Q까지 미끄러져 내려온다. 위치 에너지가 운동 에너지로 바뀌므로 점 Q까지 내려왔을 때 속도는 경사면 형태에 영향을 받지 않는다. 미끄러져 내려오는 데 걸리는 시간이 가장 짧은 경사는 A, B, C 중 무엇일까?

A는 거리도 길고 최초 경사가 완만해 가속이 떨어지므로 후보가 될 수 없다. 다음으로 거리가 가장 짧은 B가 가장 유력한 후보지만, 경사면 기울기가 일정해 등가속도 운동을 한다. 한편 C는 최초 경사가 $90°$여서 **그림1**에서 본 것처럼 초기 가속도가 크다. 이 점이 거리가 다소 길다는 불리함을

---

59 시간과 속도 값은 이동 거리 값을 간단하게 하기 위해 임의로 제시한 것.

충분히 보완하며 가장 빠른 시간에 점 Q에 도달한다.

그림1 멈춘 상태에서 등가속도로 움직였을 때(A)와 최초 가속도를 2배로 했을 때(B)의 비교

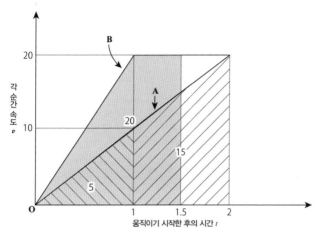

⬆ 초기 가속도가 크면 일정 거리를 이동하는 데 걸리는 시간이 짧다. 최종($t = 2$) 속도는 A, B 모두 20이다.

그림2 물체가 점 P에서 Q까지 마찰 없는 경사면을 미끄러져 내려간다

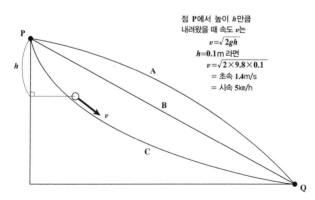

점 P에서 높이 h만큼
내려왔을 때 속도 v는
$$v = \sqrt{2gh}$$
$h = 0.1\,\text{m}$ 라면
$$v = \sqrt{2 \times 9.8 \times 0.1}$$
$$= 초속\ 1.4\text{m/s}$$
$$= 시속\ 5\text{km/h}$$

⬆ C의 이상형은 사이클로이드 곡선

아래로 너무 깊게 휜 궤도는 거리가 너무 길어져 시간이 오래 걸린다. C의 이상형은 '사이클로이드' 곡선이라는 사실을 알 수 있다.

● 실제 몸의 움직임으로 바꾸어 보면…

여기서 '물체→몸 중심', '경사면→중심을 지탱하는 다리'로 바꾸어 보자. 수평으로 움직이고 싶을 때 몸 중심이 C처럼 곡선을 그리듯 낮아지면, 가장 짧은 시간에 움직일 수 있다는 결론이 나온다. 단, 다리는 위치 에너지뿐 아니라 근육에서도 에너지를 만들어 내 중심의 속도를 점점 더하므로, 실제 궤도는 사이클로이드보다 가로로 길다. 그렇다고 해도 처음에 중심이 수직으로 내려오는 점은 변함없다.

그림3에 나온 야규신카게류(柳生新陰流)에서 적과 거리를 넓히는 보법이 앞의 예시에 해당한다. 기본자세(**그림3a**)에서 지지대가 사라진 것처럼 뒷발을 발중한다(**그림3b**). 이때 단순히 앞발로 버티면, 앞발이 딛고 있는 주변에서 몸이 뒤로 회전해 중심 궤도가 **그림2**의 A처럼 되면서 실패한다.

그래서 잠깐이나마 앞발도 발중해 몸 중심을 떨어뜨린다. 앞발 뒤꿈치 힘으로 떨어지는 힘을 받아 내면서, 그 힘을 수평 방향으로 바꾼다. 까치발로 차기 때문에 필요한 힘이 나지 않는다.

엉덩방아를 찧을 것처럼 몸 중심을 낮추면서 앞발을 뒤로 보내(**그림3c**) 필요한 거리만큼 물러나 원래 자세로 돌아간다(**그림3d**).

이 보법은 문을 연 순간 몰래 숨어 있던 적이 칼을 들이대느라 거합을 사용할 틈도 없을 때 응용할 수 있다. 마찬가지로 뒤로 물러나면서 중간에 칼을 빼면, **그림3d**와 같은 자세가 되면서 몰래 숨어 있던 적이 아무런 효과를 보지 못하게 할 수 있다.

처음 발중하는 동안(**그림3b**)은 중심이 내려가는 데 비해 뒤로 이동하는 움직임은 없지만, 전혀 티가 나지 않는 발중이라 상대가 알아채지 못한다. 특히 일본 전통 의상 하카마를 입고 있으면 발 움직임이 보이지 않아 상대가 더욱 알아채기 힘들다.

그림3 적 앞에서 민첩하게 후퇴하는 야규신카게류(柳生新陰流) 보법

➲ 준비 자세

(a)

(b)

◀ 잠깐 양발을 발중하고, 앞발 뒤꿈치 힘을 사용해 떨어지는 힘을 수평 방향으로 바꾼다.

(c)

◀ 엉덩방아를 찧듯이 중심을 낮추면서 앞발을 뒤로 보낸다.

(d)

◀ 칼을 앞으로 잡은 채 필요한 거리만큼 물러난다.

무술에서 말하는
'가장 빠르고 가장 짧은 움직임'이란?

무술의 움직임은 일상에서는 볼 수 없고 대응하지 못할 만큼 빠르다. 무술의 빠르기에는 두 가지 요소가 있다.

① 상대에게 '보이지 않는' 움직임이다.

② 역학 원리에 따라도 합리적이며, 실제로도 빠르다.

①은 Q62에서 설명하겠지만, 일상생활에서 본 적이 없는 무술의 움직임은 뇌도 처리해 본 경험이 없다. 움직이는 상이 망막에 비쳐도, 경험이 부족한 뇌는 정보를 처리하지 못하고 3차원 상을 만들어(= 보다) 내지 못한다. '보이지 않는' 움직임이어서 대응이 늦고, 움직임이 빠르다고 느끼는 것이다.

훈련을 거듭해 무술을 자유로이 구사하게 되면, 뇌가 경험을 쌓고 망막에 비친 사범과 동료와 제자들의 움직임을 올바르게 상으로 만들어 낼 수 있다. 그러면서 그들의 움직임이 점차 명확히 '보이게' 된다.

그림은 ②의 예시로, 왼쪽 사람의 위쪽 공격에 맞서 아래쪽 자세(**그림a**)에서 목을 찌른다(**그림b**). 같은 움직임을 일상에서 반복한다면, 아래 네 단계를 머릿속으로 그리면서 실제 순서에 따라 움직이게 된다.

① 상대를 마주하고 크게 오른발을 내디딘다.

② 자세를 낮춰 칼끝이 위로 향하게 한다.

③ 반동 동작으로 칼을 낮춘다.

④ 칼을 밀어 올린다.

무술의 일상적이지 않은 움직임은 ③을 제외한 나머지를 동시에 실행한다. 상체를 앞으로 기울이면서 왼발을 굽혀 중심을 낮추고[60] 오른발을 내디

---

60 중력을 이용해 파고드는 방법은 Q54, Q56 참고.

디며 동시에 오른 어깨를 왼 어깨보다 낮춘다. 이렇게 하면 칼끝이 위로 향하므로, 칼을 그대로 밀어 올리면 동작이 완성된다. 모든 관절을 가장 적게 사용하는 '가장 빠르고 가장 짧은 움직임'이다.

그림 각 관절을 가장 적게 사용하는 '가장 빠르고 가장 짧은 움직임'

ⓐ 위쪽에서 내리치는 공격에 맞서 아래쪽 자세를 취한다.

ⓐ 중력을 이용해 몸을 숙여 앞발을 내디디면서 상대 목을 찌른다. 좌우 손의 상대적 위치 변화가 중요하다. 밀어 올릴 때 오른손은 (a) 위치에서 위로 약간만 움직인다.

감각을 속이거나 반응하는 심리를 조작해,
기척을 지우며 기술을 거는 방법은?

중국 무술 태극권과 일본의 대동류합기유술이 공통으로 가진 기술을 구체적으로 살펴보자.

그림1a는 절권도의 박사오와 랍사오에서 유래한 자세로, 태극권에서는 이 자세에서 시작해 기술을 건다. 오른쪽 사범 A가 왼쪽 B의 손을 쳐 내며 다가가 공격하면, 닿은 손이 움직임을 감지해 B는 손으로 막거나 반격하거나 도망치려 할 것이다. 이때 A는 닿은 손 위치나 주고 있는 힘을 전혀 바꾸지 않고 앞으로 나아간다(그림1b). 팬터마임으로 '보이지 않는 벽'에 손을 대고 앞으로 나아가는 장면이 떠오른다.

오감은 상황에 따라 우선순위가 정해진다. 예를 들어, 영화관 화면 좌우에 있는 남녀가 서로 목소리가 바뀌어 나와도, 시각이 청각보다 우선하기에 사람들은 목소리가 바뀐 걸 알아채지 못한다. 그림1에서는 촉각이 시각보다 우선한다. 즉, B는 A가 다가온다는 시각 정보가 있는데도, 손을 통해 전해 오는 촉각 정보가 변하지 않아 A의 움직임을 감지하지 못한다(그림1b). 그래서 상대에 닿은 오른손은 미처 방어할 자세를 취하지 못한다.

충분히 파고들어 무릎으로 상대 무릎을 쓰러뜨리는 단계가 되면, 상대는 그제야 알아채지만, 그때는 상대가 방어하거나 반격하기에 이미 늦은 시간이다(그림1c). 그림1b쯤 되어서야 시각 정보를 파악한 B에게, A의 모습은 이미 '사라지고' 없다. 이 동작을 실제로 체험해 보면, 그림1a부터 그림1c까지, 모든 동작이 마치 동영상이 뚝뚝 끊겨 재생되듯 움직이는 것처럼 느껴진다.

● '얼굴'에 반응하는 얼굴 뉴런을 이용한다

이 기술은 시각 정보를 능숙하게 다룬다. 인간의 시각은, 얼굴을 인식하는 뉴런이라는 전용 뇌세포가 있어 얼굴에 민감하게 반응한다. 실제로 여

그림1 태극권의 '단편(單鞭)'이라는 기술을 응용

(a)

B   A

◀ 서로 손목을 맞대고
상대 움직임을 탐색한다.

(b)

◀ A가 촉각 정보를 바꾸
지 않고 공격에 들어간다.

(c)

◀ 알아챘을 때는 이미
늦었다.

러 물건이 뒤섞여 있는 방에서, 물건 사이로 사람 얼굴이 보이면 곧바로 알아챈다. 또 천장에 그려진 무늬, 나무 사이에 벌어진 틈, 자동차 앞부분에서 문득 '얼굴'을 본 경험은 누구나 있을 것이다. 사람은 사람 얼굴을 보며 움직임이나 공격 의도를 감지한다.

그림1b 상황에서 A가 한쪽 손 그림자로 얼굴을 가리면, B는 상대 얼굴이 안 보여 느리게 반응한다.

그림2a는, 사범 A가 제자 B에게 달려들어 B의 목덜미를 잡은 모습이다. 다가갈 때까지 손으로 얼굴을 가리고, B에게 충분히 파고들어서야 B 눈앞에 얼굴을 내보인다. B는 얼굴에 반응하며, 순간 상대 얼굴에 정신이 팔린다. 사각지대인 등 뒤에서 내 목덜미를 쥐러 들어오는 상대 왼손은 더 안 보인다.

그림2a에서, 목덜미를 잡혔다는 사실을 알아챈 B는 자기도 모르게 몸을 젖히며 저항한다. 여기서 억지로 상대 얼굴을 끌어당기면 힘겨루기가 되어 버린다. 이때 상대가 몸을 젖히는 힘에 저항하지 말고, B 얼굴이 앞쪽을 향하도록, 마치 연인을 어깨로 끌어안듯, B 얼굴을 돌리면서 끌어당겨 상대 자세를 무너뜨린다(그림2b). 대동류의 다른 기술도 마찬가지지만, 예상과 다른 방향으로 힘을 가하면, 상대는 근육 수축이 늦어져 저항할 수 없게 된다.

그다음, 목덜미를 감은 손을 뒤로 젖혀 상대를 쓰러뜨린다(그림2c). B의 오른손은 A에 닿은 촉각 정보가 변하지 않으므로 움직일 수 없으며, 쓰러지는 순간까지 처음과 거의 같은 위치에 있다. 얼굴을 인식하는 뉴런이 작용해 A가 다가온 것을 보고 놀란 순간, B는 목덜미를 잡혀 예상하지 못한 방향에서 오는 힘에 저항하지 못한다. 그리고 A에게 잡아끌려 뒤로 쓰러진다.

그림2 대동류합기유술 기술의 흐름

(a)

A   B

◉ 왼쪽에 있는 사범 A가 오른쪽에 있는 제자 B에게 '기척을 지우고' 파고들어 숨겼던 얼굴을 일부러 보인다. 상대가 뉴런이 반응해 얼굴을 인식한 사이, 왼손으로 상대 목덜미를 감싼다.

(b)

◉ B는 자신도 모르게 목을 뒤로 빼려 하지만, A는 얼굴을 돌리는 힘을 이용해 상대 얼굴을 어깨 쪽으로 '부드럽게' 끌어당긴다.

(c)

◉ A는 B의 얼굴을 비틀어 뒤로 쓰러뜨린다. 처음 맞닿은 A와 B의 손 위치는 거의 변함이 없다.

시대극에서 노련한 검술사가 패기 넘치는 젊은이를 간단히 쓰러뜨리던데 정말 가능할까?

어떤 검술사라도 나이가 들면 근력과 속도가 떨어진다. 하지만 상대가 힘과 속도를 자랑하는 젊은이라도, 그가 검술사의 움직임을 읽지 못해 우왕 좌왕하는 사이에 검술사는 힘들이지 않고 가볍게 젊은이를 쓰러뜨린다.

초보자가 칼을 들고 다가와 베는 장면을 상상해 보자. 멀리서도 자세나 표정에서 공격 의도를 파악할 수 있고, 걷는 리듬을 통해 공격 타이밍을 읽어 낼 수 있다. 또 초보자는 힘을 붙이기 위해 한순간 칼을 높게 치켜들고 나서 내리치므로, 내가 검술을 어느 정도만 알아도 무난히 상대 공격에 대응할 수 있다.

야규신카게류(柳生新陰流)를 능숙하게 하는 사람은 일본의 전통 연극 '노(能)'에 등장하는, 죽은 무사의 영혼처럼 움직인다. 공격 의도를 상대가 알아채지 못하도록 얼굴에 표정을 없앤다. 눈을 보면, 어디를 보고 있는지 짐작할 수가 없다. 게다가 종종걸음으로 상하좌우 흔들림 없이 미끄러지듯 나아간다. 그러므로 상대는 공격 타이밍을 잡기 어렵다(**그림a**).

그림b,c처럼 상대와 간격을 좁힐 때, 앞쪽에 있는 오른손은 거의 움직이지 않는다. 뒤쪽에 있는 왼손을 움직여 칼을 세우면, 산 사람이 칼을 휘두르는 것 같지가 않다. 공중에 뜬 칼에 죽은 사람의 영혼이 붙어 칼이 제멋대로 움직이는 것같이 보여 섬뜩하다. 무엇보다 상대가 베려고 칼을 들었다고 느껴지지 않아, 이를 방어하려는 마음조차 들지 않는다. 무언가 이상하다고 느껴 머뭇거리는 사이에 상대가 세운 칼에 베이고 만다(**그림d**).

야규신카게류(柳生新陰流)는 필요하지 않은 살생을 자제하기에 첫 공격은 강하게 베지 않는다. 그저 칼을 가볍게 대기만 한다. 그러므로 상대는 막아야 할 타이밍을 읽지 못해 더욱 대응이 늦다.

그림 야규신카게류(柳生新陰流)의 움직임[61]

➜죽은 사람의 영혼처럼
표정이 없다. 어디를 보는
지 알 수 없다. 미끄러지
듯 나아간다.

(a)

(b)

(c)

(d)

⬆(b)와 (c)는 사람이 칼을 치켜드는
게 아니라, 죽은 사람의 영혼이 붙은
칼이 공중에서 움직이는 것 같다.

⬆아주 가볍게 잡은 칼을 과녁에 살짝 대
고, 손안에서 차 수건 짜기로 벤다.

61 오카모토 마코토(岡本眞) 사범이 보인 시범을 그림으로 표현한 것.

Question
61 앞에서 말한,
'어디를 보고 있는지 모르는 눈'이란?

　내가 소림사 권법을 막 배우기 시작했을 무렵, 유단자 선배와 자유롭게 대련한 적이 있다. 나는 배운 지 얼마 안 되는 '팔방목(八方目)'으로 선배가 움직이는 양손 양발을 주시했다. 그때 선배가 갑자기 왼손으로 본인 오른 무릎을 '픽' 쳤고, 나는 나도 모르게 선배 무릎 쪽으로 시선을 옮겼다(**그림 1**). 그 순간 선배의 오른 주먹은 내 얼굴 바로 앞에 와서 멈췄다.

　나는 '팔방목'의 의미를 '시선을 고정하지 않고 상대 온몸을 순서에 따라 주시하는 것'이라 오해해, 한 곳씩 순서대로 의식을 집중하는 '중심시(中心視)'에 사로잡혀 있었다. 팔방목의 진짜 의미는 시선을 움직이지 않고 '주변시(周邊視)'로 상대 온몸을 동시에 보는 것이다(**그림2**).

　내가 선배 무릎을 중심시로 응시할 때, 의식이 돌지 않고 멈춰서 선배 오른 주먹이 망막에 비쳐도 그것을 감지하지 못했다. 무술에서 주변시는 '마음의 눈', '먼 산 바라보기'라고 불리는 중요한 가르침이다. 주변시는 두 가지 역할을 한다.

　① 상대 온몸과 적 여러 명을 동시에 본다.

　② 내가 어디를 보고 있는지 알아채지 못해, 상대가 대응하면서 헤맨다.

　①을 보면, 상대 주먹이나 칼끝을 중심시해도 상대 움직임이 너무 빨라 상대를 따라가지 못한다. 의식을 집중할수록 다른 곳이나 앞쪽에 있지 않은 적이 보이지 않게 된다. 반대로 주변시에 익숙해지면, 마음이 한곳에 얽매이지 않아(때로는 여러 곳) 상대 움직임을 쉽게 간파해 상대가 속이는 동작에 걸려들지 않는다. ②를 보면, 초보자는 공격하려는 과녁을 응시하므로, 그 의도를 상대가 쉽게 알아차린다. 만약 고수가 시선으로 공격 의도를 내비친다면 그것이야말로 속임수다.

그림1 고수는 상대를 '중심시'로 유도한다

 왼손으로 무릎을 치는 상대 움직임에 사로잡혀 중심시한다. 그러면 오른 주먹 지르기를 알아차리지 못한다.

그림2 '중심시'와 '주변시'

중심시

주변시

축구 시합 중 공과 선수에만 집중하는 게 중심시, 주변 선수의 위치를 동시에 파악하는 게 주변시다. 무술에서는 중심시보다 주변시가 중요하다.

'그림자 지우기'라는 몹시 이상한 검 기술이 있다고?

　나도 몇 년 전 고노 요시노리(甲野善紀) 선생님을 통해 이 기술을 체험한 적이 있다. **그림1a**에서 오른쪽에 있는 고노 선생님(A)이 상대(B)를 향해 위에서 비스듬히 내리친다. A의 죽도는 Q28처럼 갑자기 '묵직한 죽도'로 변하고, B도 지지 않으려고 죽도를 휘두르며 맞선다. B가 A의 공격을 확실하게 받아 냈다고 생각한 순간(**그림1b**), A의 죽도가 B의 죽도를 빠져나가 반대편에서 B의 오른 손목을 때린다(**그림1c**).

　내가 판단하기에 B가 A의 죽도를 빈틈없이 받아 낸 시점, 즉 **그림1b**에 이르기까지 A의 움직임은 분명히 보였다. 하지만 받아 낸 순간, B는 손목을 맞았고 아마 여우에 홀린 듯한 생각이 들었을 것이다. A의 죽도가 반대쪽으로 돌아간 건 전혀 보이지 않았다. B가 받아 낸 건 '그림자'일까?

● 망막에 비쳤다고 해서 '봤다'고 단언할 수 없다

　최근 그 수수께끼를 푸는 단서를 찾았다. 그것은 망막에 상이 비쳤다고 해서 본 것이 아니라, 시각 정보를 뇌에서 처리해야 비로소 '보인다'는 사실과, 그 처리 방법을 본인조차 의식하지 못할 만큼 뇌가 저절로 작동하는 구조가 존재한다는 사실이다.

　예를 들어, 사진기 방향을 갑자기 바꾸면 사진기가 흔들린다. 하지만 사진기와 구조가 같은 안구를 움직여 시선을 옮기는 동안, 상은 전혀 흔들리지 않는다. 이것은 시선을 움직이는 동안 망막에 있는 정보가 뇌로 가지 않도록 저절로 차단되기 때문이다. 본인은 쭉 흔들리지 않는 상을 바라본다고 인식하지만, 정보가 끊어져 인지하지 못한 것이다.

　그런데 3차원 외계 상이 양쪽 눈에 비칠 때, 망막에 있는 곡면은 2차원 공간이어서 완전히 모든 정보를 포함할 수는 없다. 수학 원리에 따라 2차원

그림1 뇌가 시각 정보를 조종하는 '그림자 지우기'

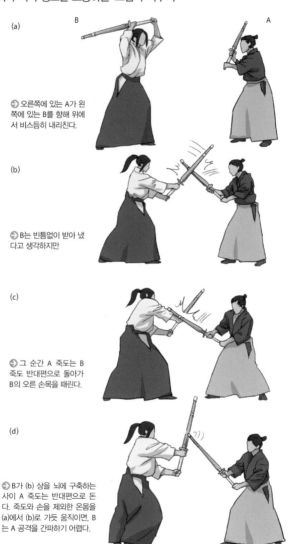

(a)

B   A

➲ 오른쪽에 있는 A가 왼 쪽에 있는 B를 향해 위에 서 비스듬히 내리친다.

(b)

➲ B는 빈틈없이 받아 냈 다고 생각하지만

(c)

➲ 그 순간 A 죽도는 B 죽도 반대편으로 돌아가 B의 오른 손목을 때린다.

(d)

➲ B가 (b) 상을 뇌에 구축하는 사이 A 죽도는 반대편으로 돈 다. 죽도와 손을 제외한 온몸을 (a)에서 (b)로 가듯 움직이면, B 는 A 공격을 간파하기 어렵다.

정보에서 3차원 정보를 완전히 얻는 건 가능하지 않다. 뇌는 경험에 따라 적당히 3차원 상을 구축한다.

예를 들어, **그림2**의 오른쪽 원은 튀어나와 있고 왼쪽 원은 꺼져 있는 것처럼 보인다. 이는 빛이 위에서 비춘다는 경험을 토대로, 뇌가 그림자 형태를 보고 저절로 오목함과 볼록함을 판단한 것이다. 평평한 2차원 상이 아니라 3차원 상을 구축한 것이다.

● 뇌는 정보 처리가 늦어지는 걸 스스로 보정한다

뇌(시각 피질)가 정보를 처리하는 데는 한계가 있다. 처리하는 데 시간이 걸려(0.1초 정도) 빠른 움직임을 실시간으로 구축할 수 없다. 그래서 뇌는 처리가 늦어진 것을 보정하기 위해 움직이는 물체 상을 나아가는 방향 앞쪽에 구축한다. 이를 플래시 레그(flash-leg) 효과라고 한다.

축구에서 오프사이드라고 하는, '상대 선수(골키퍼 제외)보다 앞서 상대 골대 근처에서 공을 기다려서는 안 된다.'라는 중요한 규칙이 있다. 하지만 2002년에 열린 FIFA 한일 월드컵에서 훌륭한 심판들이었음에도 불구하고, 오프사이드 판정 중 무려 약 4분의 1이 오심이었다는 통계가 있다. 자기 편 공을 받아 내기 위해 상대 골대를 향해 달리는 선수 상을, 뇌가 실제보다 앞쪽(골대 근처)에 구축했기 때문이다(**그림3a**).

'그림자 지우기'로 돌아가면, **그림1b**에서 B는 A 죽도 위치를 실제보다 앞으로 나간 상, 즉 그림자를 구축한 후 그림자를 받아 낸 것이다(**그림3b**). 받아 낸 사이 A 죽도는 **그림1d**처럼 움직이지만, B는 뇌가 자동으로 구축한 **그림1b** 상을 여전히 갖고 있으므로 A의 움직임이 전혀 '보이지(**그림1d** 상을 구축하지)' 않는다.

B가 그림자 지우기를 여러 번 경험하면, 점차 뇌가 **그림1d** 상을 구축해 상대 움직임에 제대로 대응할 수 있을지도 모른다. 하지만 진검 승부였다면 B는 목숨을 잃었을 것이고, 그림자 지우기는 비밀에 부쳐졌을 것이다.[62]

---

62 보통 무술에서 비밀 기술은 특별한 제자가 아니면 가르쳐 주지 않는다. 비밀 기술을 다른 유파와의 진검 승부에서 사용했다는 건 죽음을 각오했다는 뜻이다.

그림2 2차원 정보를 보완해 3차원과 비슷한 상을 구축한다

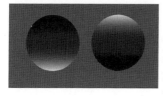

⟲ 왼쪽은 꺼져 있고, 오른쪽은 부풀어 있는 것처럼 보인다. '빛은 위에서 비춰 물체에 그림자가 생긴다.'라는 과거의 경험을 토대로, 뇌가 평면의 상을 입체상으로 구축하기 때문이다. 그림을 거꾸로 하면 반대가 된다.

그림3 플래시 레그(flash-leg) 효과란?

⟳ 상대편 골대를 향해 달리는 축구 선수가 P에 있는데, 심판 뇌는 Q에 선수의 상을 만들어 오프사이드로 판정(오심)한다.

(a)

Q   P

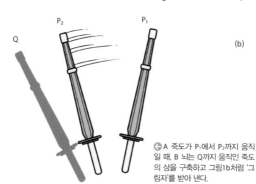

⟲ A 죽도가 P₁에서 P₂까지 움직일 때, B 뇌는 Q까지 움직인 죽도의 상을 구축하고 그림1b처럼 '그림자'를 받아 낸다.

제 **6** 장 **무너뜨리기의 과학**

무술에서 '무너뜨리기'는 무엇일까?

'무너뜨리기'는 균형을 잡고 서 있는 상대를 안정하지 않은 상태로 만드는 것이다. 꼿꼿이 서서 두 다리로 걷는 인간의 몸은, 양발이 땅을 디디고 있는 면이 좁아 본래 무너지기 쉬운 구조를 띤다. 유도에서도 던지기 기술에 들어가기 전에 상대를 무너뜨리는 게 중요하다. 상대를 위아래로, 왼쪽 오른쪽으로, 대각선으로, 여러 방향으로 당기거나 밀면서 무너뜨린다. 상대는 내 힘을 알아채고 자세나 중심 위치를 바꿔 균형을 유지하려 한다. 하지만 무너뜨리는 힘이 너무 강하거나 갑작스레 변하면, 상대는 제때 대응하지 못해 무너진다.

무술에서 무너뜨리기를 할 때는, 유도와 달리 무너뜨리려는 기색을 상대가 감지하지 못하게 한다.[63] 그 방법은 네 가지로 분류할 수 있다.

① 전체 힘보다 압력에 민감하다는 사실을 이용한다.

② 힘을 계속해서 바꾼다.

③ 상대와 닿는 점을 바꾸면서 계속 변하는 힘을 상대에게 가한다.

④ 손바닥 반사를 이용한다.

어떤 상황이라도 기습 공격하지 않고, 상대에게 '지금부터 밀 테니까 균형을 잘 잡으세요.'라고 말한 후 시도해도 효과가 있다.

①의 예로, 상대 어깨 위에 손바닥을 걸고 네 손가락을 세워 상대 등을 강하게 당기면서, 엄지손가락과 손바닥은 상대 가슴에 꽉 붙여 가슴을 민다 (그림1). 네 손가락은 상대와 닿는 면적이 좁고 힘 대신 압력(단위 면적당 힘)이 세서, 상대는 '앞으로 당겨졌다.'라고 느낀다. 가슴을 미는 힘은 닿는 면적이 넓고 세기에 비해 압력이 약해, 상대는 힘을 감지하지 못한다.

63　Q67 두 번째 비법 ②의 예.

그림1 상대를 무너뜨리는 잡기 기술

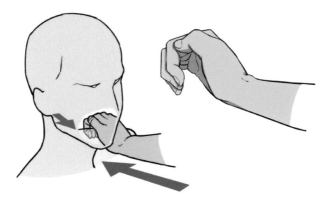

⬆️네 손가락을 상대 등에 세우고 엄지손가락과 손바닥으로 상대를 민다. 상대는 당겨졌다고 착각한다.

그림2 잡지 않아도…

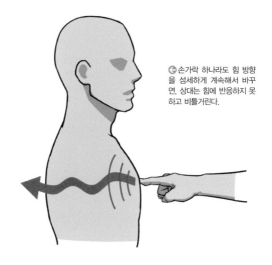

⬅️손가락 하나라도 힘 방향을 섬세하게 계속해서 바꾸면, 상대는 힘에 반응하지 못하고 비틀거린다.

앞으로 당겨졌다고 느낀 상대는 쓰러지기 싫어 중심을 뒤로 옮긴다. 그때 손 전체로 상대를 밀면 상대는 간단하게 뒤로 쓰러진다. 반대로 엄지손가락을 세워 상대 가슴을 밀면서 남은 네 개 손가락을 상대 등에 붙여 상대를 당기면, 상대는 앞으로 넘어진다.

②는, 익숙해지면 손가락 하나로 상대 가슴을 밀어 상대를 휘청거리게 할 수 있다(그림2). 힘 방향을 '계속해서' 바꾸는 게 중요하다. 한 방향으로 힘을 가한 다음, 급하게 힘 방향을 바꾸는 게 아니다. 그러면 상대는 힘이 변하는 걸 알아챈다. 상대가 변화를 읽지 못하게 힘의 방향을 아주 살짝 바꾼다.

②의 다른 예로, 상대 양쪽 소매를 각각 세 손가락으로 가볍게 잡고, 양손 힘을 하나씩 따로 계속해서 바꾸면 상대는 크게 휘청거린다.

③의 예로, 손날로 상대 가슴을 밀 때, 손목을 돌리며 손날의 새끼손가락을 상대 가슴 위로 굴린다. 그러면 손날이 미끄러지면서 상대 몸에 닿는 점을 바꾼다(그림3).

②도 ③도 상대는 힘이 바뀌는 걸 감지하지 못하고, '왜 휘청거리지?'하고 의아해한다.

②와 ③을 합친 예로, 태극권 중에 양손으로 큰 나무를 끌어안는 자세로 서서(Q71의 참장공), 힘껏 버티고 서 있는 상대 어깨를 한쪽 손등으로 미는 형태가 있다. 이 자세는 역학 원리에 따르면 상대가 단연코 유리하다.[64] 이어서 양손 사이에 존재하는 '기(氣)로 이루어진 공'이 부풀어 오른다고 상상하며 양손을 벌리면, 상대는 저항하지 못하고 휘청댄다.

마지막으로 ④를 보자. 대동류의 '접촉합기'라는 고급 기술은 인류가 나무 위에서 생활한 경험, 다시 말해 손바닥이 나뭇가지에 닿으면 자동으로 가지를 잡는 '파악 반사'[65] 를 이용한 것이다(그림4). 숙련된 사람이 손끝을 이용해 펼쳐져 있는 내 손바닥을 손목에서 손가락 쪽 방향으로 문지르면, 나도 모르게 내 손이 오므라지며 숙련된 사람이 유도하는 대로 따라가게 된다. 그리고 어느새 숙련된 사람에게 꺾기 기술에 걸려 내 자세는 무너진다.

---

64 자세한 내용은 「격투기의 과학」 Q44 참고.
65 파악 반사는 신생아에게만 나타나는 현상이라고 하지만, 성인에게도 조금은 남아 있는 것 같다.

그림3 힘을 제대로 감지하지 못하게 하는 기술

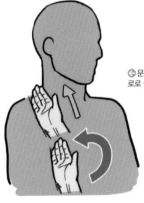

⟵문질러 올린다. 또는 세로로 돌린다.

상대 가슴에 손날을 대고 세로로 돌리거나(손날 아래쪽에서 새끼손가락 쪽으로 굴린다.) 문질러 올리며 닿는 점을 계속 바꿔, 상대가 힘을 감지하지 못하게 한다.

그림4 손바닥 반사를 이용한 대동류의 '접촉합기'

⟰(a) 달인(오른쪽) 손바닥에 손끝을 댄다.

⟰(b) 달인이 손바닥을 뒤집는다.

⟰(c) 달인이 손끝으로 내 손가락을 문질러 올리면, 달인 손가락을 잡으려고 내 손가락이 따라간다.

⟵(d) 그대로 꺾기 기술에 걸려 꼼짝달싹하지 못한다.

상대 지르기를 쳐올리며 막아도, 내 팔이 끌어내려지는 기술은?

학회에서 고노 요시노리(甲野善紀) 선생님은 시범 상대인 내게 "위쪽을 지를 테니 받으세요."라고 말하며 지르기를 했다. 나는 소림사 권법에서 하는 상단 막기 기술로 고노 선생님의 팔뚝을 쳐올렸다. 이는 가라테의 상단 막기와 같이 매우 강력한 막기 기술이다. 하지만 다음 순간, 상대 공격을 받아친 팔이 내 허리 아래까지 끌어내려졌다(그림1). 실전이라면 방어가 허술한 내 얼굴이 상대 왼 주먹에 맞았을 것이다.

이 기술을 쓰려면, 상대가 정신 못 차릴 정도로 순식간에 세게 팔을 끌어내리는 솜씨가 필요하다. 상대는 공격을 막을 때 어깨세모근을 동원해 팔을 올리는데, 공격을 막아 낸 순간에 막는 데 사용한 근육은 더 이상 작동하지 않는다. 팔을 올리면 오히려 얼굴 공간이 빈다.

팔을 끌어올리는 근육이 작동을 멈춘 순간을 노려, 상대 팔을 단숨에 끌어내린다.

남은 문제는 '어떻게 하면 순식간에 상대 팔을 끌어내릴 만큼 강한 힘을 줄 수 있을까?'다. 정답은 양발 발중(拔重)이다.

고노 선생님은 '양 발바닥을 수직으로 이륙하게 하며 몸을 띄운다.'라고 표현했다. 까치발로 서는 게 아니라, 발바닥을 수평으로 만들고 서서 단숨에 몸을 띄운다. 실제로 몸이 뜨지는 않는다. 양발을 몸통 쪽으로 끌어올려 발바닥이 땅을 미는 힘은 거의 없다(그림2). 당연히 지지대를 잃은 몸은 가라앉는다.

발중에 의해 뜬 몸이 가라앉는 힘을, 내 팔을 통해 상대 팔에 단숨에 전달한다.[66] 몸에 여유가 생기면 첫 동작을 하는 데 시간이 걸리므로, 이를 상대 방이 알아차려 실패한다. 처음에는 여유를 없애는 게 어려울 수 있다.

---

66 자세한 계산은 생략하지만, 몸무게에 가까운 힘이 가해진다. 혼자 하면 그림2처럼 몸이 가라앉지만, 상대가 있으면 본인 팔에 위로 향하는 힘(반작용)이 걸리기 때문에 가라앉지 않는다.

하지만 수영이나 자전거와 마찬가지로, 실력 있는 사람에게 배워 훈련하면 금세 기술을 몸에 익힐 수 있다.

그림1 상단에서 막아 냈는데…

🔵 상대 지르기를 받았는데 갑자기 무거워지면서, 막은 팔이 내 허리까지 끌어내려지는 이유는 무엇일까?

🔵 상대 움직임이 멈춘 순간을 포착해 팔을 단번에 내린다.

그림2 가라앉는 힘을 팔에 전달하는 기술

① 양 발바닥을 평행으로 하고 몸을 띄운다.
② 온몸이 가라앉는다.
③ 온몸의 여유를 없애 가라앉는 힘을 순간 팔에 전달한다.

Question 65

Q64의 기술은 신중하거나 근력이 센 사람에게도 통할까?

Q64의 기술은 근력만 있거나 격투 스포츠만 체득한 사람에게는 대부분 통한다. 하지만 무술 움직임에 능통한 사람에게는, 내 기량에 따라 다르겠지만 통하지 않을 수 있다.

이 기술을 역학 원리에 따라 좀 더 자세히 검토해 보자. 기본 원리는 상대 팔을 끌어내리도록 상대 어깨 관절 주변에 강한 돌림힘을 가하는 것이다(그림1).

$$돌림힘\ N = 힘\ F \times 회전\ 반지름\ R$$

힘의 세기도 중요하지만, 회전 반지름이 길어지는 방향으로 힘을 가하는 게 중요하다.

그림1에서 바로 아래로 힘 F_1을 주면 회전 반지름은 $R=l$로 짧다. 하지만 어깨 S와 힘이 작용하는 점 P를 연결하는 선 SP에, 직각이 되도록 힘을 주면 회전 반지름이 $R=L$로 길어진다. 즉, 발중(拔重)으로 몸무게를 더하면서 바로 자기 앞으로 상대를 당기면 된다. 억지로 제압하려고 상대 어깨 관절을 향해 파고들면, 회전 반지름이 없어지므로(돌림힘도 없다.) 주의해야 한다.

상대 팔이 내려갈수록, 힘이 나아가는 방향이 선 SP와 수직을 유지하도록 한다(그림2). 처음에는 내 앞으로 당기다가 점차 힘을 아래로 향하게 해, 마지막에는 그 힘을 상대 허리로 밀고 들어간다.

근력이 굉장히 센 상대라면, 어깨 관절 주변의 돌림힘에 대항할지도 모른다. 따라서 상대가 눈치채지 못하는 사이 균형을 무너뜨리는 방법이 좋다. 인간은 안정된 자세로 서 있어야 바깥으로 힘을 발휘할 수 있다. 몸이 휘청거리면 전혀 힘을 낼 수 없다. 자세한 내용은 다음 질문에서 설명하겠다.

그림1 상대 팔을 어깨 관절 아래로 돌리는 돌림힘

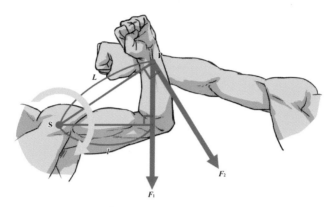

⬆️바로 아래로 내릴 때 $N_1 = F_1 l$
내 앞으로 끌어내릴 때 $N_2 = F_2 L$

그림2 상대 팔이 내려왔을 때 요령

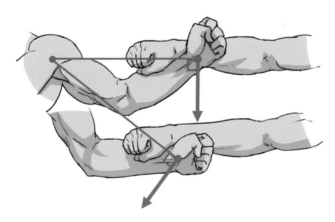

⬆️상대 팔이 내려오면 회전 반지름이 최대가
되도록 힘 방향을 바꾼다.

발중(拔重)의 민첩하고 강한 힘을 사용하지 않고도, 방어하는 팔을 눌러 내릴 수 있을까?

오른쪽 그림은 Q65 **그림1**의 온몸을 그린 그림이다. 내 앞으로 끌어내리는 힘 F_2는 상대가 왼발로 디디는 점 A 쪽으로 엎어지도록 돌리는 돌림힘을 일으켜, 상대를 앞으로 고꾸라지게 하는 작용을 한다. 상대에게 파고드는 힘 F_3은 상대를 뒤쪽으로 쓰러뜨리는 돌림힘을 일으킨다. 상대가 팔을 버틸수록 상대 몸은 부드러움을 잃고 녹슨 로봇처럼 휘청거린다. 앞서 말한 바와 같이, 팔을 끌어내리는 힘을 버틸 만큼의 힘은, 팔이 발휘할 수가 없다.

내가 발중을 사용하지 않고 약한 힘을 서서히 가하면, 상대는 내 힘을 감지하고 몸이 흔들리지 않도록 중심 위치를 옮기며 저항한다. 하지만 노골적으로 흔드는 게 아니라 힘 세기와 방향을 상대가 감지하지 못할 정도로 조금씩 계속 바꾸면 상대방은 균형이 무너지고 있다는 사실을 알아채지 못하고 살짝 휘청거린다. 물론 팔심도 발휘하지 못한다.

상대는 팔이 끌어내려진 이유도 모른다. 나도 유도부원, 가라테부원, 럭비부원을 상대로 이 방법을 사용해, 그들의 팔을 끌어내린 적이 있다.

진식 태극권의 이케다 히데유키(池田秀幸) 사범이 쓰는 기술은 이 수준을 훌쩍 뛰어넘어 매우 섬세하다. 사범이 내 팔을 미는 힘은 거의 느끼지 못했고, 실제로 내 팔은 내려가지 않았다. 하지만 사범이 천천히 웅크리니 나도 모르게 따라서 웅크렸다. 흔들리고 있다는 느낌조차 받지 못했다. 사범은 "약한 힘이지만 미묘하게 변하는 힘을 상대 팔에 가하니 상대는 허리, 무릎 순서로 무너졌다."라고 말했다. 상대 근력은 관계없는 모양이다.

그림 발중(拔重)을 쓰지 않고 상대를 무너뜨리는 방법

⬆️ 내 앞으로 끌어내리는 힘 F_2를 가하면, 착지점 A 주변의 돌림힘
$$N_2 = F_2 R$$
에 의해 상대는 앞으로 휘청거린다.

파고드는 힘 F_3를 가하면, B 주변의 돌림힘
$$N_3 = F_3 r$$
에 의해 상대는 뒤로 휘청거린다.

F_2, F_3를 수직 방향으로 바꾸면, 상대 몸이 비틀리며 휘청거린다.

주먹을 꽉 쥔 상대 손목을
완전히 꺾을 수 있을까?

합기도의 '손목뒤집기'와 소림사 권법의 '역소수(逆小手)'는 상대 손목을 안쪽으로 꺾으면서 바깥쪽으로 비트는 기술이다(**그림1**). 상대 팔꿈치가 몸통에서 뜨도록 기술을 거는 게 요령이다.

상대가 이 기술을 미리 알고서 **그림2**처럼 애써 막는다고 해 보자. 상대는 주먹을 꽉 쥐고 손목이 안쪽으로 꺾이지 않도록 손목을 손등 쪽으로 꺾고, 팔꿈치가 뜨지 않게 힘을 준다. 이렇게 되면 상대 손목을 바깥쪽으로 비틀지 못해, 이 기술을 걸지 못한다.

이처럼 기술을 걸 수 없는 상황에, 기술을 거는 방법을 소개한다. 상대 힘에 대항하지 말고, 예상하기 어려운 힘을 가하는 것이다.

우선 손목을 안쪽으로 꺾어야 한다. 상대는 이를 경계하고, **그림3**의 점선으로 된 화살표 방향으로 작용하는 두 힘을 예상할 것이다. 두 힘은, 주먹이 파고드는 힘 ①과 손목을 떨어뜨리는 방향의 힘 ②이다.

상대가 예상하기 어려운 첫 번째 비법은, 상대 주먹을 내 오른 손바닥으로 부드럽게 감싸 바로 들이미는 대신, 위에서 말아서 넣는 힘 ③을 가하는 것이다. 내 손바닥이 뱀이 되어, 상대 주먹이라는 달걀을 위에서 삼키는 장면을 상상하면 된다.[67]

두 번째 비법은 상대 손목을 바로 앞으로 당기는 게 아니라 상대 중심을 앞으로 끌어내는 힘 ④로 무너뜨리는 것이다. 이 무너뜨리기는 당사자가 '자리 잡지 않은 상태'[68]여야 한다.

근력이 아무리 센 사람이라도 예상할 수 없는 힘에는 저항하지 못하고, 손목이 꺾여 앞으로 넘어진다. 이렇게 하면 쉽게 상대를 앞으로 쓰러뜨리거

---

67 매 순간 손 한 군데에 가하는 힘은 직선으로밖에 표현할 수 없다. 힘 ③과 ④는 주먹이나 손목에 작용하는 힘이 시간에 따라 변하는 것도 포함해 표현한 것이다.
68 자세한 설명은 다음 장.

나 손목을 바깥으로 비틀어 내던질 수도 있다.

그림1 합기도 '손목뒤집기'

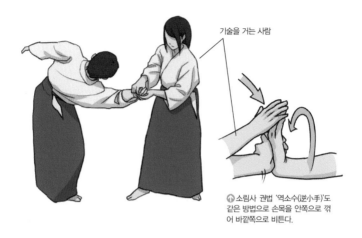

기술을 거는 사람

⬆소림사 권법 '역소수(逆小手)'도 같은 방법으로 손목을 안쪽으로 꺾어 바깥쪽으로 비튼다.

그림2 기술을 걸 수 없게 자세를 굳힌다

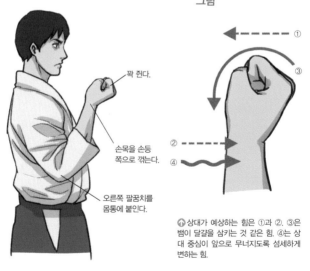

꽉 쥔다.

손목을 손등 쪽으로 꺾는다.

오른쪽 팔꿈치를 몸통에 붙인다.

그림3 오른 주먹을 오른쪽에서 본 그림

① ② ③ ④

⬆상대가 예상하는 힘은 ①과 ②. ③은 뱀이 달걀을 삼키는 것 같은 힘. ④는 상대 중심이 앞으로 무너지도록 섬세하게 변하는 힘.

상대에게 손목을 잡혔는데, 상대를 무너뜨릴 수 있을까?

옛날 일본인은 주로 바닥에 앉은 채 지냈으므로, 자세를 바르게 하고 앉아 있을 때 상대에게 붙들린 양 손목을 걷어 내는 '합기 올리기'가 합기 계열 무술의 기본기였다. 이번 질문에서는 현대 생활 양식에 맞게, 선 상태에서 한쪽 또는 양쪽 손목을 상대에게 붙들렸을 때 활용할 수 있는 '무너뜨리기' 기술을 다뤄 보려 한다. 관절 구조를 이용한 빼기 기술이나 꺾기 기술과는 다른 원리에 기초한 체계라고 생각하면 좋을 것 같다.

A가 B의 손목을 잡고 제압했다고 하자(그림1). A는 B 손목에서 받는 힘을 매 순간 느끼며 대응한다. 만약 B가 손을 앞으로 밀었는데 A 팔이 꺾인다면, B를 제압한 효과가 없는 것이다. 이때 A는 팔이 꺾이지 않게 삼두근과 같이 펴지는 근육들을 동원해 밀어내지만, 버티지 못하고 뒤로 밀린다.

A는 자기도 모르게 뒤꿈치에 힘을 주거나, 감지한 힘만큼 중심을 앞으로 옮겨 양발로 버티며 균형을 유지한다. 물론 등 근육이나 배 근육 같은 몸통 근육도 B 힘에 대응한다.

A는 B 힘에 대응하는 자세를 만들 때, 필요한 근육에 힘을 준 채 '굳어' 버린다. B가 갑자기 힘을 바꾸면 A는 재빨리 다른 자세를 만들어 다시 '굳는다'. B도 손을 당길 때 역시 잠깐 '굳는다'.

A, B가 무술 소양이 없으면 몸이 크고 힘이 강한 쪽이 유리한 건 당연하지만, 내야 할 힘에 따라 '굳은' 자세를 얼마나 재빨리 다른 '굳은' 자세로 옮길 수 있느냐로 승패가 정해진다.

하나의 예시지만, 자세가 굳은 것을 '자리 잡다'라고 표현한다. 자리를 잡으면 유연하게 대응하지 못하므로, 무술에서는 '자리 잡지 않은 몸'을 만드는 게 수련의 목적 중 하나다.

그림1 굳은 자세란?

⬆ 서로 밀다 앞으로 기울어져 '굳은' 상태

⬆ 서로 당기다 중심을 뒤로 옮겨 '굳은' 상태

A, B가 초보자라면, 상대 힘을 느껴 B가 밀면 A도 밀고(왼쪽), B가 당기면 A도 당기며, '굳은' 상태에서 다른 '굳은' 상태로 전환한다.

그림2 힘 단서를 제거하는 방법 ①

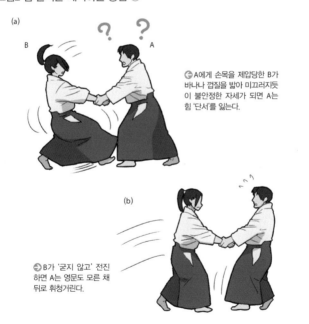

⬅ A에게 손목을 제압당한 B가 바나나 껍질을 밟아 미끄러지듯 이 불안정한 자세가 되면 A는 힘 '단서'를 잃는다.

⬅ B가 '굳지 않고' 전진하면 A는 영문도 모른 채 뒤로 휘청거린다.

● 굳지 않는 방법이 있다

A는 B 힘을 감지해야 B 손목을 제압할 수 있다. 힘을 감지하지 못하면 상대를 제압하기는커녕 균형을 유지한 채 서 있는 것조차 힘들다. 이것이 무너뜨리기의 원리다. B는 A가 힘을 감지하지 못하도록 '굳지 않는', 다시 말해 젤리처럼 흐물거려 붙잡을 데 없는 자세를 계속 유지해야 한다.

초보자라도 할 수 있는 '굳지 않는' 방법은 자신(B)이 일부러 불안정해지는 것이다(그림2). 바나나 껍질을 밟아 미끄러졌다고 상상하고 실제로 그 동작을 해 보자. B가 불안정해진 순간, A는 지금까지 확실히 느끼던 B 악력이 갑자기 사라지는 것처럼 느끼면서 문자 그대로 '손으로 잡을 곳'을 잃고 만다. 자세를 어떻게 유지해 세워야 할지 모르는, 일종의 공황 상태가 된다(실제로 A는 이를 깨닫지 못하고 단지 어색해할 뿐이다.).

B가 그 순간을 노려 조용히 쓱 앞으로 나아가면, A는 저항하지 못하고 균형을 잃고 뒤로 물러난다. 단, B가 불안정해진 상태를 수정해 다시 '굳어지고' 나면, A가 힘을 알아채므로 실패한다.

다음은 자신(B)이 불안정해질 필요가 없는 고급 기술이다. 잡힌 손의 팔꿈치부터 손끝까지가 '봉'이 되었다고 상상한다. 익숙해지면 손목과 손가락이 단단하게 굳은 '봉'처럼 느껴진다. 이 '봉'을 잡고 있는 A에게, '봉'을 짐 떠넘기듯 넘겨준다(그림3a). B가 팔꿈치 힘을 완전히 빼면, A는 '봉'을 든 것처럼 B가 가진 힘을 잡을 '단서'를 잃게 된다.

여기에서 B가 팔꿈치를 움직여 '봉'을 밀면, A는 들고 있는 짐이 갑자기 움직인 것 같은 불쾌한 느낌에 사로잡혀 저항하지 못하고 밀린다(그림3b). 단, 밀기 시작한 손가락이 조금이라도 움직이면 '봉'이 살아나 실패한다.[69]

---

69 오카모토 마코토(岡本眞) 사범은 "마네킹 손이 된 자기(B) 팔꿈치를 투명 인간이 밀어 팔꿈치가 제멋대로 움직인다고 상상하면, 힘주지 않고도 가능하다."라고 말한다.

그림3 힘 '단서'를 제거하는 방법 ②

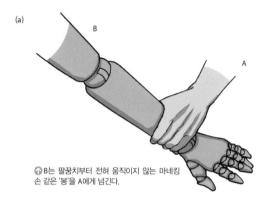

(a)

B

A

⬆️ B는 팔꿈치부터 전혀 움직이지 않는 마네킹 손 같은 '봉'을 A에게 넘긴다.

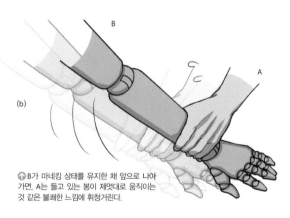

B

A

(b)

⬆️ B가 마네킹 상태를 유지한 채 앞으로 나아 가면, A는 들고 있는 봉이 제멋대로 움직이는 것 같은 불쾌한 느낌에 휘청거린다.

대동류(大東流)의 불가사의한 무너뜨리기, '합기'란?

'대동류(大東流)'는 아이즈번(오늘날 후쿠시마현 서부 일대)에 전해진 무술로, 다케다 소카쿠(武田惣角)가 창시했다. 사가와 유키요시(佐川幸義) 사범은 소카쿠로부터 '합기'를 이어받아 '투명한 힘'을 만들어 냈다. 사가와 사범으로부터 합기를 이어받은 수학자 기무라 타츠오(木村達雄) 쓰쿠바대학교 명예 교수에 따르면, 똑같이 소카쿠에게 이어받은 합기라도, 합기도의 창시자인 우에시바 모리헤이(植芝盛平) 선생이 앞세운 합기와 다르다고 한다. 물리학자 야스에 쿠니오(保江邦夫) 노트르담청심여자대학 교수는 '스페인 수도원에서 엄격한 수행을 끝마친 스페인 신부에게 신비로운 힘을 이어받아 〈합기〉를 얻었다.'라고 저서에 남겼는데, 기무라 교수의 합기와 같은지 알 수 없다.

이번 질문에서는 내가 가라테 유단자 K 씨와 함께 기무라 교수를 방문해, 몇 시간에 걸쳐 계속 쓰러진 경험을 소개하려 한다.

K 씨와 내가 맞잡은 양손을 기무라 교수가 손바닥으로 가볍게 밀었다(그

그림1 '합기'는 기술을 걸 상대를 선택할 수 있다

⬆ K 씨(오른쪽 앞)와 나(가운데)는 네 손가락으로 제입당하기 어려운 자세를 취한다.

⬆ 기무라 교수(왼쪽)가 손바닥으로 가볍게 밀자, K 씨는 살짝 휘청거렸다. 합기에 걸린 나만 쓰러졌다.

림1a). 우리 쪽이 월등히 유리했는데 합기에 걸린 나만 뒤로 넘어졌다(그림 1b). 두 사람에게 합기를 걸면 모두 쓰러진다. 네 명이든 다섯 명이든 그중에 상대를 선택해 쓰러뜨릴 수 있다고 한다.

이어서 기무라 교수가 본인의 헐렁한 스웨터 자락 양 끝을 펼치고, 내가 한가운데를 양손으로 눌렀다(그림2a). 나는 충분히 앞쪽에 중심을 두고 팔과 어깨에 힘을 빼서, 상대 힘을 받지 않도록 대응했다. 그런데 기무라 교수가 다가오자, 나는 영문도 모른 채 인형처럼 쓰러졌다(그림2b).

기무라 교수에 따르면 '합기는 사람 몸에서 물질을 바탕으로 하지 않는 체계의 작동을 지우고, 방어 체계 스위치를 끄는 기술'이며 합기도의 '기'와는 관계가 없다고 한다.[70] 인간을 물질만으로 이루어진 존재로 규정하는 한, 과학 원리로 밝힐 수 있는 실마리를 찾기는 어려울 것 같다.

그림2 직접 닿지 않아도 '합기'에 걸린다

⬆ 옷자락 양 끝을 펼친 헐렁한 상대 스웨터 가운데를 잡고, 앞에 체중을 실어 상대에게 밀리는 힘을 받지 않도록 충분히 힘을 뺀다.

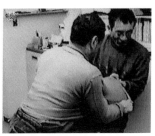

⬆ 힘을 어렴풋이 느꼈는데 인형처럼 쓰러진다. 넘어지는 동안 저항하려 하지 않았고, 넘어진 뒤에도 방긋방긋 웃기만 했다.

---

70 중국에서 말하는 '기'는 의미가 넓어 초능력까지 포함한다. 여기서는 좁은 의미의 '기'다.

내가 먼저 상대를 무너뜨리려 하지 않는데, 상대가 갑자기 공격해 온다면?

이번 질문에서는 '무술에 알맞은 몸을 만들면, 상대가 갑자기 바꾸는 움직임에 어떻게 대응하게 될까?'에 대해 두 가지 구체적 예를 들어 보려 한다.

우선 양식 태극권(楊式太極拳) 사범이, 무술 동작 체계인 투로(套路) 중에서 '야마분종(野馬分鬃)'이라는 움직임을 거의 그대로 응용한 기술이다(그림1). 체격이 좋은 상대가 사범의 팔을 밀며 사범을 넘어뜨리려 한다. 사범은 상대가 미는 힘에 대항하지 않고, 엉덩관절을 부드럽게 움직여 뒷발에 몸무게를 실으며 팔을 당긴다. 그러자 상대는 빨려 들어가듯이, 앞으로 고꾸라질 뻔하며 균형이 무너진다. 이어서 사범이 앞발에 몸무게를 실어 반격하자, 상대는 나자빠진다.

사범의 몸은, 실은 직선이 아닌 원호를 그리며 움직인다. 상대를 똑바로 밀 생각이라도 묘하게 휘어져 버린다. 또 사범이 반격할 때도 힘 방향이 묘하게 바뀌므로, 상대는 이에 대응하지 못하고 넘어진다.

다른 하나는 이소룡도 배운, 민첩한 움직임이 특징인 영춘권이다(그림2[71]). A, B 두 사람이 마주 서서, 서로에게 1초 동안 주먹을 연달아 날리고, 팔뚝으로 막아 내는 걸 계속한다. 이때 갑자기 B(오른쪽)가 오른발을 디디면서 A에게 가로막힌 오른 주먹을 그대로 밀어붙이려 한다.

A는 B가 밀어붙이려는 힘을 감지하고, 상대를 향해 약간 왼쪽으로 상체를 돌리면서 동시에 오른쪽으로 비튼다. B의 오른 주먹은 A의 오른 주먹에 이끌려 밖으로 빗나간다. A가 상체를 뒤트는 힘을 이용해, 왼 주먹을 뻗어 B 얼굴을 되받아친다.

태극권, 영춘권, 일본 무술은 세부 기술이 다르지만, 맞닿은 상대의 움직임을 읽으면서 대응한다는 공통점이 있다.

---

71 구사나기 유타카(草彅豊) 사범의 영춘권 시범을 그렸다.

그림1 야마분종(野馬分鬃)을 응용한 움직임

◀ 태극권 사범(오른쪽)이 투로(套路)와 거의 비슷한 움직임으로, 갑자기 팔을 밀고 들어온 상대를 날려 버린다.

그림2 민첩하게 움직이면서 맞닿은 상대의 움직임을 간파하는 영춘권

(a)

A   B

↩A와 B가 연달아 날리는 주먹을 서로 막아낸다.

(b)

↑상대가 막아 낸 오른 주먹을 B가 강하게 밀어 넣는다.

(c)

↩A가 왼 다리로 중심을 옮기면서 상체를 오른쪽으로 비틀자, B의 주먹은 빗나가고, A가 오히려 왼 주먹으로 되받아친다.

Question
71

'무너뜨리기'에 알맞은 몸을 만드는 방법은?

상대에게 '무너뜨리기' 기술을 걸기 위해서는 내 몸이 굳지 않아야 한다. 가능한 한 힘을 빼서 쓰러질 듯 쓰러지지 않는, 절묘한 균형을 유지하는 게 중요하다.

이런 몸을 만드는 훈련으로, 높은 굽 하나로 만든 나막신을 신고 걷는 게 좋다(**그림1**). 굽이 하나인 나막신은 발목에 힘을 주면, 앞뒤로 기울어져 균형을 잡기 어렵다. 높은 굽 하나에 의지해 중심을 잡아야 하므로 자연스럽게 온몸의 힘을 빼 균형을 잡는 훈련을 할 수 있다.

익숙해지면 산책도 할 수 있고 포장하지 않은 공원 길도 지나갈 수 있으며 종종걸음으로도 걸을 수 있다. 나는 나막신 굽이 완전히 닳아 없어질 때까지 연습했는데, 나름대로 훈련에 효과가 있었다. 단, 처음에는 넘어지지 않도록 주의해야 한다. 포장하지 않은 길에서는 앞뒤뿐 아니라 옆으로도 넘어져 발목을 삘 수 있다.

● 참장공(站樁功)으로 '굳지 않은' 몸을 만든다

다른 훈련 방법은 참장공(站樁功)이다. 방법은 여러 가지가 있는데, **그림2a**는 기공 건강법으로 자율 신경이나 내장에도 효과가 있는 방법이다.

팔을 가슴 높이까지 올려 양손으로 '기'로 이루어진 공을 안고 있다고 상상한다. 몸무게는 엄지발가락, 새끼발가락, 뒤꿈치 세 곳으로 지탱한다. 세 점을 연결하는 삼각형이 스케이트 날이라고 상상하며, 날 위에 타 '상대에게 기대면서 균형을 유지한다.'라고 의식한다(**그림2b**). 이렇게 하면 어떤 힘을 받아도 쉽게 넘어지지 않는 몸으로 바뀐다.

초보자는 균형을 생각하기도 전에 어깨가 아파지고 팔이 내려온다. 힘으로 팔 높이를 유지하려 해 어깨 근육이 피로해져 아픈 것이다. 팔 전체로

그림1 높은 굽이 하나인 나막신

⬆ 높은 굽이 하나인 나막신은 균형 감각을 키우기에 알맞다.

그림2 중국 무술과 기공의 기본인 참장공(站樁功)

(a)

➡ 굳어서는 안 된다. 팽이가 조금씩 흔들리면서 서 있듯이, 가능한 한 힘을 적게 들여 균형을 잡고 선다. 양손으로 '기'로 이루어진 공을 안고 있거나, 양손이 '기'로 이루어진 공을 타고 있다고 상상하면 수월하다.

(b)

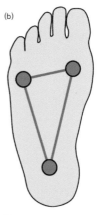

⬆ 발바닥 세 점을 의식해 선다. 떠밀릴 때 세 개의 날 중 한 곳에 체중을 싣는다고 상상하고, 힘을 빼며 균형을 유지한다.

'기'로 이루어진 커다란 공을 안거나, 팔이 '기'로 이루어진 공을 타고 있다고 상상하면 수월하게 견딜 수 있다. 아마 '기'라는 느낌 때문에 가능한 한 힘을 적게 들일 것이다. 근육을 구성하는 수많은 근섬유 가운데 꼭 필요한 몇 개만 교대로 불려 오고, 다른 근섬유는 쉬고 있을 것이다.

어깨만이 아니다. 균형을 잡기 위해 느슨해진 온몸 근육은 가능한 한 조금만 움직인다. 갑자기 누군가에게 떠밀릴 때, 쉬고 있는 근섬유를 순식간에 동원해 필요한 근력을 발휘할 만큼 신경이 준비된 몸으로 바뀔 것이다.

● 겉으로 보이는 움직임만 강화하면 안 된다

나는 참장공(站樁功) 자세를 30분 정도 할 수 있게 되었다. 이 자세를 하며 팔이 세게 떠밀려도, 끈기 있게 상대 힘을 받아 내 흘려보낼 수 있다. 또 한 발로 서서 양발로 서 있는 상대와 손바닥 밀치기를 해도 이긴다(그림3).

참장공을 2시간이나 할 수 있는 중국 무도인이 있다. 참장공 뿐만 아니라 다른 무술도 충분히 단련한 결과겠지만, 공격해 온 상대가 무도인에 닿자마자 날아간 적이 있다고 한다.

여러 번 말했지만, 말뚝처럼 서 있는 참장공 자세로 세 개의 칼날을 탄다고 상상하고 '기'를 느끼면 효과가 오른다. 기본 움직임을 배우는 태극권 투로도 마찬가지다. 가능한 한 온몸의 긴장을 풀고 기를 흘려보내는 게 태극권에 알맞은 몸을 만들어 내는 데 효과가 있다. 투로의 겉으로 보이는 움직임만 오랜 기간 훈련해 겉모습이 유려해 보이는 지도자 중에 무술에 알맞은 몸을 갖추지 못한 사람도 있다.[72]

일본 무술의 검술이나 합기도 권법도 겉으로 보이는 움직임보다 몸 안의 감각에 따라 무술에 알맞은 몸을 만드는 게 중요하다.

대동류의 '합기'는 수준이 매우 높은 무술이라 보통의 '무너뜨리기'에는 포함할 수 없지만, 무술에 알맞은 몸을 만드는 건 꼭 필요하다.

---

72 건강을 더 나아지게 하는 데는 알맞다.

그림3 한 발로 서서 양발로 서 있는 상대를 이긴다

⬆️ 무술에 알맞은 몸을 만들면 한 발(A)로 서서 양발로 선 사람과 손바닥 치기를 해도 이긴다. 힘을 주면 지지만, 상대(B) 손에 의지해 균형을 유지한다고 생각하면 수월하다.

제**7**장 기(氣)·마음의 과학

기(氣)로 사람을 조종한다는 게 사실일까?

미국에 사는 일본계 기공(氣功) 전문가가 일본에서 열린 학회를 통해 나를 포함한 많은 과학자에게 선보인 행위를 소개하고자 한다.

그는 벽을 칠하는 동작으로 사방에 대략 2m의 기 장벽을 친 후, 장벽을 등지고 섰다. 그리고 골프채를 잡은 제자로 하여금 장벽 밖에서 본인을 향해 내리치게 했다(그림).

제자는 골프채를 쳐들고 사나운 기세로 갑자기 전문가에게 들이닥쳤는데, 곧바로 벽에 부딪히듯 멈췄고 온몸이 뻣뻣해져 움직일 수 없었다.

제자가 일부러 멈춘 게 아니라는 증거는, 골프채를 잡은 손이 갑자기 멈추는 바람에 골프채가 휜 것이다. 살아 있는 생명체인 제자는 장벽 앞에 멈췄고, 무생물인 골프채는 계속 움직이려다 휜 것이라고 결론지을 수밖에 없었다.

뻣뻣해진 제자는 온몸 근육이 경련을 일으키거나 전기 충격을 받은 것처럼 몹시 오그라들어 있었으며, 손가락으로 눌러도 근육이 전혀 들어가지 않았다. 제자는 스스로 할 수 있는 게 없어 보였다.[73]

기공 전문가가 양손을 펼치며 '후'하고 숨을 불어넣자, 제자는 그제야 경직이 풀려 움직일 수 있게 되었다. 방치하면 생명이 위험했을지도 모른다.

이후 기공 전문가는 내 한쪽 팔을 앞으로 내밀게 하고 '후'하고 기를 불어넣은 다음, 내민 팔을 위에서 있는 힘껏 내리쳤다. 내리친 힘은 확실히 느꼈는데, 팔은 꿈쩍도 하지 않았고 수평으로 편 그대로였다. 잠시 후 '후'하고 기를 빼고 똑같이 내리쳤는데, 팔에 힘을 지나치게 준 탓인지 팔이 아래로 쑥 내려갔다. 과학 원리에 따라 설명할 수 없지만 사실이다.

---

73 덤벼드는 기세 때문에 앞으로 고꾸라질 법도 한데, 제자가 넘어지지 않고 균형을 유지한 채 뻣뻣해진 게 신기하다. 어쩌면 제자가 넘어지지 않고 갑자기 멈추도록, 기공 전문가가 기로 제자의 무의식을 조작했을지도 모르겠다.

그림 기(氣) 장벽

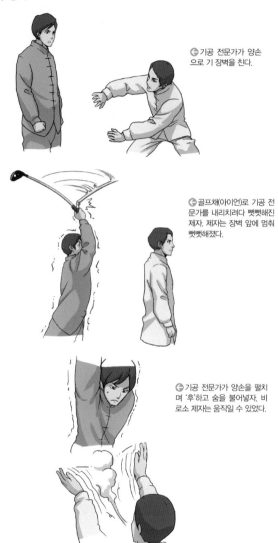

↩ 기공 전문가가 양손
으로 기 장벽을 친다.

↩ 골프채(아이언)로 기공 전
문가를 내리치려다 뻣뻣해진
제자. 제자는 장벽 앞에 멈춰
뻣뻣해졌다.

↩ 기공 전문가가 양손을 펼치
며 '후'하고 숨을 불어넣자, 비
로소 제자는 움직일 수 있었다.

깨달음의 경지에 이른 무술의 달인이 존재하는 이유는?

깨달음의 경지는, 전생과 미래를 읽을 수 있는 초능력이나 탁월한 능력과는 관계가 없다. 나는 젊을 때부터 삶의 의미를 진지하게 고민하고 답을 찾으면서 깨달음의 경지에 이른 사람들과 만날 수 있었다.

'세상 돌아가는 얘기를 했을 뿐, 고민에 대한 자세한 해결책을 요구하지 않았는데, 어느새 고민에서 벗어나 삶을 향한 의욕이 샘솟았다.' 이것이 그들을 만나고 떠오른 한결같은 생각이다. 달리 표현하면 '당신은 지금 그대로 소중한 존재다.'라는 말로 온전히 받아들여졌다. 구원받았다고 느낄 정도였다. 깨달음의 경지에 이른 사람은, 어떤 일에도 동요하지 않고 마음이 평안한 '안심입명(安心立命)'의 경지에 다다른 사람이다. 그 사람의 존재 자체가 주위 사람을 구원한다.

이런 인물 중 한 명이 임제종(臨濟宗) 승려이자, 직심영류(直心影流) 검술사인 오모리 소겐(大森曹玄)이다. 나는 젊은 시절, 이 나이 많은 승려가 하는 강연을 들은 적이 있다. 당시 나는 강연자를 잘난 척하고 겉만 번지르르한 사람이라고 날카롭게 비판하기만 할 뿐, 귀 기울여 들을 준비가 되어 있지 않았다. 하지만 강연을 듣고 나서, 이 나이 많은 승려는 차원이 다른, 넓고 큰 존재라고 느끼게 되었다.

● 집중하면서 '삼매경'[74]에 빠진다

무술이 깨달음으로 이어지는 이유는, 훈련이 잡념을 없애고 집중력을 높이기 때문이다. 복잡한 사회를 살아가는 현대인은 항상 두뇌를 혹사하고 잡념의 바다에서 허우적댄다. 야생동물처럼 씩씩하게 살아가는 방법도 잊었다.

---

74 잡념이 없고 정신을 고도로 집중하고 있는 상태. 좌선하면 잡념은 반드시 따라오는데 "상대하지 않으면 없는 거나 매한가지다."라고 나이 많은 승려는 말했다.

그림 마음을 시끄럽게 하는 파도를 다른 파도로 없앨 수 없다

⬆️ 좌선하고 있는 초보자 머릿속.
고민이나 잡념의 파도를 다른 파도로 지우려 해도 쉽지 않다.

　나도 대학원 시절, 아침부터 밤까지 머릿속이 연구나 고민거리로 가득
차 불면증과 신경성 설사에 시달렸다. 건강해지고자 좌선 책을 읽은 적이
있는데 '머릿속 고민이나 잡념을 머릿속 생각으로 진정시킬 수 없다.'라는
결론에 이르렀다(그림).

　그러던 어느 날, 무도에 흥미도 있고 해서 큰맘 먹고 대학 무도장을 찾았
다. 혼자 소림사 권법을 연습하고 있는 유단자에게 일주일에 한두 번 배우
고 싶다고 우격다짐으로 부탁하니, 유단자는 마지못해 허락해 줬다.

　매번 두 시간 가까운 훈련이 끝날 때마다 머릿속에 소용돌이치던 연구
중압감에서 완전히 벗어났고, 짧은 시간에 불면증도 신경성 설사도 낫는 기
적 같은 일이 벌어졌다. 훈련에 집중한 덕에 얻은 성과다.

　내 훈련을 도와준 유단자는 가운데 지르기를 막는 '아래 막기'라는 기술
을 가르쳐 주자마자 "지금부터 지를 테니 막아요."라고 하며 질렀다. 두꺼
운 도복 소매를 울리며 날아오는 지르기에, 공포에 떨면서도 죽을힘을 다해

어설픈 아래 막기를 반복했다. 그러는 동안 연구를 완전히 잊고 되살아날 수 있었다.

소겐 선생 이야기로 다시 돌아가면, 나이 많은 승려는 검술과 좌선을 함께 수행했다. 그리고 "좌선으로 삼매경의 경지에 이르는 길은 험난하지만, 검술로 체력의 한계를 극복하는 훈련을 하면 의외로 쉽게 삼매경에 빠질 수 있다."라고 말했다. 삼매경에 빠지는 건 머리로 생각하는 것에서 벗어나 온몸으로 깨달음을 얻는 것이다.

검술뿐 아니라, 온 힘을 다하는 무술 수행은 자연스럽게 삼매경에 빠지는 수단이며 길을 찾는 사람에게는 깨달음을 얻는 계기가 될 것이다.

소겐 선생은 "좌선으로 깨달음을 얻는 사람은 십만 명 중 한 명 나올까 말까 한 천재다. 보통 사람의 경우, 마음을 담아 날마다 일상을 영위해 나가는 게 깨달음으로 가는 지름길이다."라고 말했다. 무술을 수행하는 사람이라면 훈련으로 쌓은 집중력을 일상생활에서도 유지하며 하루하루 성실하게 살다 보면 삶의 심오한 경지로 가는 길이 보일 것이다.

74
좌선에 의한 집중을 과학 원리에 따라 어떻게 해석할 수 있을까?

좌선하는 동안 나오는 뇌파는 오래전부터 연구되어 왔다. 뇌파란 무수한 뇌 신경 세포가 작용해 생기는 전압을, 두피에 붙은 전극으로 붙잡아 기록한 것이다. 뇌파는 진동수에 따라 분류된다(표).

진동수가 큰 β(베타)파는 계산하거나 생각에 집중할 때 나온다. 베타파보다 진동수가 적은 α(알파)파는 느긋한 상태에서 나오는 뇌파고, 알파파보다 진동수가 적은 θ(세타)파는 잠들 무렵 나오는 뇌파다.

오랜 세월 참선을 수행해 온 승려가 좌선하면, 눈을 떴을 때도 α파가 나오고 보통 사람에게는 짧은 시간에 나오지 않는 θ파도 나온다.

좌선하는 보통 사람과 승려에게 소리 자극을 준 실험에서 다음과 같은 차이가 나타났다(그림).

보통 사람……소리 자극에 따라 뇌파가 변하는 게 긴 시간 동안 이어지지만, 같은 소리를 들려 주면 점점 반응이 무뎌진다.

승려……소리 자극에 따라 뇌파는 2~3초 만에 원래대로 돌아오고, 같은 소리를 여러 번 들려 줘도 매번 똑같은 반응을 한다.

승려는 바깥 자극에 반응하되 사로잡히지 않았고 매번 '아주 새로운 마음으로' 반응한다고 해석할 수 있다.

무술로 말하자면, 보통 사람은 속임수 동작에 걸리면 오랜 시간 거기에 영향을 받아 다음 공격에 반응하는 속도가 느려진다. 상대가 속임수 동작을 하지 않으면 반응도 하지 않게 되면서 이 또한 위험하다. 승려와 같은 뇌파를 보이는 무도인은[75] 속임수 동작에 잘 속지 않는다. 상대 공격이든 인생살이든 항상 '아주 새로운 마음'으로 대응하면, 그게 바로 달인이다.

---

75 눈을 뜬 상태에서 소리뿐 아니라 시각 자극에 대해서도, 승려와 같은 뇌파, 즉 '무(無)'나 '공(空)'의 상태를 유지하는 달인.

표 4종류 뇌파

종류	뇌파가 나오는 상황	진동수(주파수)
β파	집중	12~40Hz※
α파	이완	8~12Hz
θ파	잠들 때	4~8Hz
δ파	깊이 잘 때	0.5~4Hz

※ 1초 동안 12~40회 진동.

그림 승려의 뇌파(α파, θ파)

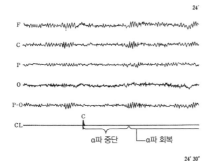

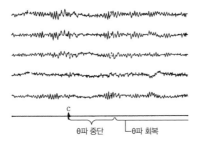

ⓒ 위쪽이 α파, 아래쪽이 θ파. C가 소리 자극을 준 순간. 양쪽 다 소리 자극에 반응하지만, α파와 θ파는 바로 회복한다. F, C, P, O, P–O는 전극을 붙인 부위다. 각 부위 반응도 승려와 보통 사람 사이에 차이가 있다.

출처: 池見酉次郎·弟子丸泰仙, 「セルフ·コントロールと禅」, 日本放送出版協会, 1981, p.234

Question 75
무술은 본래 사람을 해치는 살인 기술인데, 사람을 구한다고?

일본 전국 시대, 무예를 닦기 위해 여러 곳을 돌아다니는 무사는 목숨을 건 진검 승부를 각오했다. 무적을 자랑하는 검호라도 다음에 겨룰 때 이긴다는 보장이 없다. 한 번 지면, 본인이 쓰러뜨린 상대처럼 인생은 거기서 끝난다. 언제 죽을지 모른다는 공포와, 지금까지 쌓아온 노력이 모두 허사가 되는 허무함에 괴로웠을 것이다. 무사는 평화로운 에도 시대에도, 주군을 위해 항상 목숨을 바칠 각오를 다져야 했다.

현대인은 죽음을 생각하지 않고 일상을 보내지만, 사형수는 다르다. 사형 집행을 그날 아침이 되어서야 안다. 무사나 사무라이와 마찬가지로 매일 죽음과 마주한다. 사형수 중에서 소수지만 '삶의 의미'를 깊이 고민하다 상당히 높은 수준의 경지에 다다른 사람도 있다.

다시 말해 죽음과 맞닥뜨리는 게 '삶의 의미'를 추구하는 것으로 이어진다(**그림**). 사상에 얽매이는 게 아니라, 마음속 깊은 곳에서 '삶의 의미'를 터득하는 게 '깨달음'이다. 이 경지[76]에 이른 사람은 죽음에 대한 공포를 극복하고, 삶에 대한 깊은 안도감, 천지 만물에 대한 감사, 주변 사람을 돕고자 하는 자비심을 품고 남은 인생을 보낸다. 허무는 끼어들 틈이 없다.

'내일 지구와 거대한 운석이 충돌해 반드시 죽는다.'라고 가정하고 유서를 써 보는 것도 무사나 사형수가 아닌 우리가, 죽음과 맞닥뜨리는 계기가 된다. 또 소겐 선생과 같은 사람을 찾아가 삶의 방식을 가까이서 보고 배우는 것도 방법이다. 소중한 인연으로 시작한 무술이 이기고 지는 걸로 끝나는 건 매우 안타까운 일이다.

---

76 단번에 깨달았다고 해도 깊이는 개인에 따라 차이가 크다.

그림 죽음과 맞닥뜨리면 삶의 의미를 찾으려 한다

⬆ 사람은 죽으면 가족이나 지금까지 들인 노력, 돈, 지위, 명예, 아름다움을 이 세상에 두고 떠난다. 허무함을 극복하는 과정에서 진정한 '삶의 의미'를 발견할 수 있다.

'합기', '삶의 의미', '깨달음'을 논한 이 책이야말로 '비과학적'이지 않을까?

나야말로 과학적이라고 확신하는 유물론자처럼 질문했다. 유물론은 '세상은 물질로만 이루어져 있고, 마음은 있는 것처럼 보이지만 뇌라는 물질에서 나온 부산물에 지나지 않는다.'라고 말한다. '인간이 무엇을 염원하고 생각하든 모두 뇌 속 물질의 작용이다. 오감을 통하지 않고서는 직접 타인과 바깥 세계의 정보를 얻을 수 없다. 따라서 합기, 투시나 원격 기공(멀리서 기공으로 치료), 나아가 영혼의 존재도 과학을 거스르는 속임수다.'라고 주장한다.

여기서 과학 원리에 따라 생각하는 방법의 기초를 세웠다고 하는 프랑스 철학자이자 수학자인 르네 데카르트(1596~1650년)를 만나 보자. 간단히 정리하면 데카르트는 다음과 같이 생각했다(그림1).

① 물질은 존재하고, 그 성질(길이나 위치 등, 요즘 말로 물리량)은 세거나 잴 수 있으며, 수학(방정식)에 따라 실행한다.

② 마음은 존재하지만, 세거나 잴 수 없다. 마음과 물질은 서로 영향을 주고받지 않는 독립적인 존재다.

②의 뒷부분은 가정이지만, '마음은 물질에서 탄생한다.'라고 말하지 않은 게 중요하다(그림2).

나는 이런 사실도 모르고, 단순히 진리를 알면 삶의 의미를 알 수 있고, 세상은 물질로 만들어져 있으므로 물질을 추구하면 삶의 의미도 깨우칠 수 있다고 생각했다. 그래서 '물질의 진리'를 추구하는 이론 물리학의 길로 들어서서 물리의 근원인 소립자나 쿼크를 연구하려 했다.

하지만 데카르트가 옳다면, 소립자라는 물질을 아무리 이해한들, 마음 문제인 삶의 의미에 다다를 수가 없다. 실제로 나의 지도 교수였고, 지금은 돌아가신 니시지마 카즈히코(西島和彦) 교수는 노벨물리학상 수상 후보에 올랐으며, 문화 훈장을 받은 쟁쟁한 인물이지만, 자식을 잃은 슬픔에 힘겨워하다 기독교인이 되었다. 물질 연구의 대가에게도 마음의 구원은 다른 차원의 이야기인 것 같다.

● 여전히 물질은 잘 모르겠다

그럼 물질에 대해 살펴 보자. 눈에 보이는 별이나 은하를 형성하는 물질(에너지를 포함)은 우주 전체의 약 4.4%밖에 안 되고, 남은 것은 전혀 정체를 알 수 없는 암흑 물질(23%)과 암흑 에너지(73%)라는 사실이 최근 연구에서 밝혀졌다. 최고 수준의 연구자도 우주(물질)에 대해서 거의 모른다는 사실을 인정한 것이나 다름없다.

하지만 이미 많은 연구가 이루어진 소립자는, 으레 생각하는 입자의 움직임과는 달리, 물결처럼 움직인다고 한다. 예를 들어, 전자 한 개가 멀리 떨어진 두 개의 슬릿(가늘고 긴 틈)을 물결치며 동시에 통과하고, 양쪽 슬릿을 통과한 물결이 겹친다. 이런 전자의 움직임은 전자를 매우 작은 입자라고 가정하면 전혀 설명이 안 된다(그림3).

또 하나, 상식에 어긋나는 '양자 얽힘'이라는 현상이 있다. 자전하지 않는 큰 입자가, 시계 방향으로 자전하는 입자와 반시계 방향으로 도는 입자 A와 B로 분열해 멀리 떨어졌다고 하자. 어느 쪽이 시계 방향(또는 반시계 방향)인지 모르지만, 예를 들어 A를 측정해 A가 시계 방향이라는 걸 안 순간, B가 반시계 방향이라는 사실을 알게 된다.

양자 역학 이론과 실험 결과, 'A를 측정할 때까지 B는 시계 방향과 반시계 방향일 가능성이 반반이고, A가 시계 방향이라고 측정된 순간, 그 영향은 우주에서 가장 빠른 빛보다 빠르게 전달되어, B의 방향은 반시계 방향으로 바뀐다.'라는 사실을 확인할 수 있다. B는 A가 측정된 사실을 어떻게 알았을까?

이처럼 물질조차도 거의 이해할 수가 없다. 그런데 하물며 마음이 물질에서 탄생했다고 딱 잘라 말할 수 있을까?

그림1 데카르트의 사고

◉ 나는 존재하지 않는다고 생각해도, 그렇게 생각하는 내가 있다.

여기서 탄생한 말이 바로 '나는 생각한다. 고로 나는 존재한다.'다.

하지만 다르게 생각할 수 있다. 〈'나는 존재하지 않는다.'라고 생각한다. 그래서 '그렇게 생각하는 내가 있다.'라는 생각이 있다.〉

즉 '생각이 있다. 고로 생각이 있다.'라고 말하는 것만으로는 '내가 존재한다.'라는 말을 증명할 수는 없다.

사진: 위키피디아

그림2 몸과 뇌는 알 수 없는 물질의 물결이 모여 겹친 상태일까?

◉ 머리(이론: β파가 나오는 뇌)로 생각해도 진짜 '나'를 찾을 수 없다. 좌선(α파, θ파)으로 이론을 뛰어넘은 '나'를 몸과 마음을 다해 붙잡을 수 있다.

그림3 전자는 관측될 때 '입자'로 나타나지만, 이 실험에서는 '물결' 성질로 나타난다

(a)

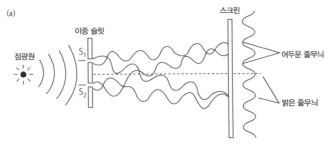

↑ 전자파인 빛은 슬릿 S_1과 S_2를 통과한 물결이, 스크린 위에서 겹쳐진 줄무늬를 만든다.

(b)

↑ 실제 만들어진 빛의 명암 줄무늬
출처: James T. Shipman/著, 勝守 寬 · 吉福 康郞/訳, 『新物理學』, 学術図書出版社, 1998, p.149

(c)

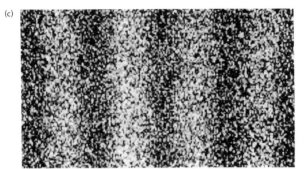

↑ 전자도 물결처럼 움직여 같은 줄무늬를 만든다. 전자가 '입자'라면 슬릿 S_1을 통과할 때 S_2의 존재를 모르기 때문에 줄무늬는 생기지 않는다.
출처: 外村 彰, 『量子力学を見る』, 岩波書店, 1995, p.55

어쨌든 마음은 뇌에서 비롯된다고 믿고 싶은데 어떻게 하나?

'마음은 뇌에서 비롯된다.'라고 주장하는 세 가지 가설을 소개한다.

첫 번째 가설은, 예부터 전해지는 일반론이다. 뇌 신경 세포는 국소 회로로 조직화하고, 국소 회로가 층을 이룬 모양으로 배열되어 피질 영역이 되면서 계층 구조를 갖는다. 뇌 전체는 하나의 신경 네트워크로 되어 있으며, 그 작용이 마음에 있다고 믿는다.

이 가설은 물질이 양자 역학 원리에 따라 작용하는 걸 전혀 고려하지 않았다. 네트워크에서 마음이 생긴다면 컴퓨터도 마음을 가질 수 있다는 뜻인데, 그러면 컴퓨터 전원을 끄면 '실신', 고장을 내면 '살해'가 되는 걸까? 또 만약 노인이 자신의 뇌를 젊었을 때의 뇌와 완전히 똑같은 신경 네트워크로 교체하고, 낡은 뇌를 폐기해도 '같은 사람'이 젊어졌다고 할 수 있을까?

두 번째 가설은, 뇌 구조를 무시하고 뇌 전체를 물과 뇌 물질로 구성된 전기 쌍극자 장으로 간주하는 '양자 장 이론'이다. 어려운 이론이지만, 이 가설에 따르면 뇌 속에는 무한개의 '숨은 광자'가 발생해 기억을 담당하므로 신경 네트워크보다 대량 기억을 쌓을 수 있다는 결론에 이른다. 현실에 존재하는 뇌 신경 세포의 결합이나 계층 구조를 무시해도 되는지 의문이 든다. '숨은 광자'든 네트워크든 기억이 마음이라면, 하드 디스크 같은 기억 장치는 모두 마음을 가지고 있다는 뜻일까?

세 번째 가설은,[77] 물결 모양으로 퍼진 입자가 마음을 가진 사람의 측정에 따라 오그라들어 입자로 관측되지만, 뇌 속에서는 반대로 뇌 미세 소관을 구성하는 요소가 양자 역학 원리에 따라 어느 쪽으로 겹쳐진 상태[78]인지 확정할 때 마음이 생긴다는 것이다(**그림**).

---

77 로저 펜로즈의 양자 뇌 이론
78 미세 소관 구성 요소는 두 가지 구조로 되어 있다. Q76에서 입자 B가 시계 방향과 반시계 방향을 겹친 상태에 있는 것과 마찬가지로, 두 가지 구조를 포갠 상태다.

세 번째 가설은 뇌 구조와 양자 역학을 서로 어긋나 맞지 않는 관계로 파악했으며, 마음이 탄생하는 과정을 구체적으로 제시하지 못했다.

표 각 가설과 차이점

	뇌의 계층 구조	양자 역학
가설 1(신경 네트워크 = 마음)	고려함	고려하지 않음
가설 2(숨은 광자 = 마음)	고려하지 않음	고려함
가설 3(양자 상태를 확정하며 마음이 발생)	고려함	특수한 가정이 들어감

◐ 뇌에서 마음이 생긴다는 세 가지 가설의 차이점

그림 두 가지 양자 역학 상태가 겹쳐진 튜불린

가설 3 펜로즈의 양자 뇌 이론

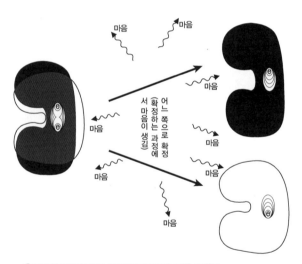

⬆ 튜불린은 단백질 분자로, 이것이 모여 뇌 미세 소관을 구성한다.

Question
78

내가 유물론을 부정하게 된 사연은?

나는 어릴 때부터 이과 과목을 좋아했고《우주 소년 아톰》의 오차노미즈 박사 같은 과학자가 되는 게 꿈이었다. 미신을 배제하고 합리적으로 사고하면서 굳건한 유물론자가 되었고 '기(氣)'를 포함한 이상 현상은 모두 사기라고 확신했다.

Q76에서 말했듯이, 나는 니시지마 선생님을 동경해 물리학의 길로 들어섰지만, 점차 내가 추구하는 방향과 다른 쪽으로 흘러가고 있는 걸 어렴풋이 느꼈다. 또 능력이나 적성도 맞지 않는 것 같아 연구하는 내내 지쳐 있었다. 속마음과는 달리 겉으로는 '인생을 걸고 달려왔는데 낙오자가 되었어. 난 쓸모없는 인간이야.'라고 절망하며 이학부 건물 옥상에 올라가 뛰어내리려 했다.

무술로 진지하게 겨루지 않아도 소겐 선생이 말한 것처럼 매일 열심히 살다 보면, 원치 않아도 죽고 싶을 만큼 힘든 경험을 한다. 진검 승부에서 진 것에 버금가는 경험이다. 하지만 스스로 목숨을 끊지 않는 한 여러 번 패해도 다시 도전할 수 있는 게 무술보다 인생이 나은 점이다.

다시 내 이야기로 돌아가면, 옥상에서 한 걸음 내디디려 한 순간 뭔가에 확 끌어당겨지는 힘을 느꼈다. 동시에 소겐 선생이 교류했던 모리타 치료(森田療法)의 지도자 미즈타니 케이지(水谷啓二) 선생님이 떠올랐다. 나는 옥상에서 내려와 곧바로 미즈타니 선생님을 만나러 갔고 합숙을 시작했다. '제아무리 진지하게 노력했다고 해도 남보다 잘되려는 마음 자체가 잘못되었다.'라는 가르침을 배웠다. 이후 나는 '자아' 버리기를 마음에 새기며 인생에 다시 도전했다.

가까스로 박사 논문도 통과했지만, 서른 중반에 바이오메카닉스로 방향을 바꾸어 스포츠 특히 격투기 역학을 연구했다. 연구는 순조롭게 진행되었지만, 마흔 중반 대학의 연구 체제가 급작스럽게 바뀌며 실험이 필요한 연구는 하기 힘든 상황이 되었다. 그래도 실험이 필요 없는 컴퓨터 시뮬레이션을 활용해 최선을 다해 연구했다.

그러던 중 큰아들이 장애인이 되었다. 기대가 컸던 자식인 만큼 정신적 충격이 컸고 장애인 아들을 돌봐야 했다. 아들을 돌보다 보니 타고나기를 건강한 체질이 아닌 데다 스트레스가 더해진 탓에 심한 통풍과 허리 통증이 자주 나타났다. 통풍 약 부작용으로 간까지 상했다. 연구는커녕 교수직을 수행하는 것도 힘에 부쳐 2년 동안 누워서 지냈다.

허리 통증과 통풍이라는 주먹을 동시에 맞고 거의 누워서만 지내던 여름 방학의 일이다. 약에 의존하지 않고 건강을 회복하는 데 도움이 될까 하는 마음에 기공 관련 책을 읽었다. 반신반의하며 책 내용을 실천하는 와중에 손에서 '기'가 나온다고 느꼈다. 수련하는 동안 기공협회 부회장에게 "기가 상당한데요."라는 말을 들은 적이 있다. 그것을 계기로 유물론에 의문을 품고 인체과학회, 국제생명정보학회 같은, 기처럼 현실을 넘어서는 현상을 널리 주장하는 학회의 회원이 되었다.

원격 기공(수천 *km* 떨어진 상대에게 기를 보낸다.)이 과학 원리에 따라 엄격한 조건에서 일어난다는 연구 결과를 수없이 접했다(**그림**). 육체를 떠난 '영'이 다시 태어나는 것에 대해서 다룬, 신뢰할 만한 연구 보고서도 읽었다.

마지막으로 기초 과학을 연구하는, 과학 철학을 포함한 대부분의 철학자는 유물론을 지지하지 않는다는 사실을 덧붙인다.

그림 도쿄에 있는 심령 치료사가 센다이에 있는 사람에게 보내는 원격 기
공의 효과

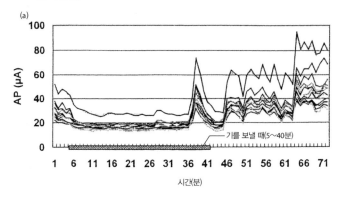

(a)

🔺 기를 보낼 때. 보낼 때는 피부 전류가 안정한데, 다 보내고 나서는 전류가 크게 바뀌며 달라지고 있다.

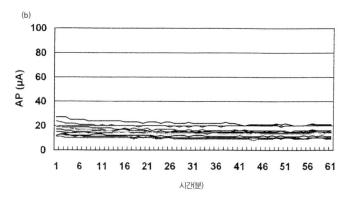

(b)

🔺 기를 보내지 않은 다른 날. 특별히 피부 전류에 변화는 없다.

언제 기를 보낼지는 심령 치료사만 안다. 세로축 〈AP〉는 자율 신경 기능에 관한 피부 전류. 기를 보내지 않
을 때는 평평하다.

출처: J.Intr. Soc. Life Info. Sci. Vol.20, No2, September 2002 p.495
Mami KIDO: Measurements of Distant Healing Effects
(기도 마미, 木戸眞美: 멀리 떨어져 심령 치료를 한 효과를 측정한 것)

나는 '깨달음'을 얻었을까?
또 '삶의 의미'를 찾았을까?

예순을 넘긴 어느 날 밤, 여태껏 경험한 적이 없는 극심한 허리 통증으로 이불 위로 쓰러졌다. 몸을 뒤척이지도 못한 채 아침을 맞았다. 구급차에 실려 도착한 병원에서, 의사는 내 오른쪽 등 안쪽에 손바닥만 한 큰 종양이 있다고 했다. 항암제가 듣지 않는 유형이라 수술밖에 방법이 없고 병이 다시 생길 여지가 많으며, 5년 동안 살아 있을 확률이 20%라고 했다.

병원에 머물며 전문 분야부터 취미를 다룬 책을 틈만 나면 두루 읽었고, 지루하면 근력이 떨어지지 않게 누워서 할 수 있는 근육 운동을 했다. 병실을 청소해 주시는 분은, 내가 농담 섞인 말을 하고 명랑해 보이기에 수술이 잘 되어 퇴원을 기다리는 환자라고 생각했다고 한다.

태어나 처음 수술대에 누웠을 때, 커다랗고 둥그런 조명이 몇 와트인지 간호사에게 물었다. 그는 수술칼을 잡은 손에 그림자가 생기지 않게 하는 조명이라고 말해 줬다. 누군가 "마취 시작합니다."라고 하며 내게 마스크를 씌울 때도, 나는 "순 산소인가요?"라고 질문했다. 수술할 때 죽을 확률이 10%에 가깝다고 했는데 까맣게 잊고 호기심이 생겨 질문을 퍼부었다.

다행히 수술은 성공했다.

병문안하러 온 지인이나 대학 동료는 내 기운 넘치는 모습에 오히려 놀랐다고 한다. 인생에서 진검 승부를 반복하는 와중에, 젊은 시절 고민하던 '죽는다는 두려움' = '삶의 의미를 찾지 못한 채 죽는다는 두려움'에서 완전히 벗어났다.

수술로 떨어진 체력을 겨우 회복했을 때쯤, 의지하던 작은아들마저 큰아들과 같이 장애인이 되었다. 너무 괴로웠지만 나는 어느새 '진검 승부가 가득한 아수라장을 헤치고 나온 노련한 선수'가 되어 있었다. 그리고 수술한

그림 내 '안'에 자리한 생각

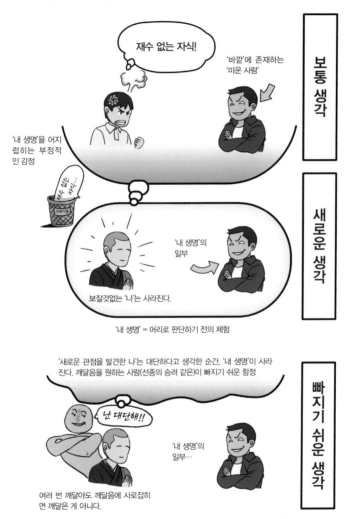

보통 생각

재수 없는 자식!

'바깥'에 존재하는 '미운 사람'

'내 생명'을 어지럽히는 부정적인 감정

새로운 생각

'내 생명'의 일부

보잘것없는 '나'는 사라진다.

'내 생명' = 머리로 판단하기 전의 체험

빠지기 쉬운 생각

'새로운 관점을 발견한 나'는 대단하다고 생각한 순간, '내 생명'이 사라진다. 깨달음을 원하는 사람(선종의 승려 같은)이 빠지기 쉬운 함정

난 대단해!!

'내 생명'의 일부...

여러 번 깨달아도 깨달음에 사로잡히면 깨달은 게 아니다.

⬆ 미운 사람도 '내 생명'의 일부라고 생각해, 주위와 조화롭게 지내면서 힘차고 아름다운 인생을 보내고 싶다. 단, 교만해서는 안 된다.

지 5년이 지난 지금, 운 좋게도 살 확률 20% 안에 들게 되었다.[79]

● 인생은 나(안)도 세계(바깥)도 아니다

현재 나는 미즈타니 선생님께 배운 '나를 버리는 것'에 익숙해져서인지, 내 '안'과 '바깥' 세계를 구분하는 게 예전만큼 명확하지 않다. 예를 들어, 내(안)가 나무(바깥)를 보는 게 아니라, 나무가 보인다는 체험만을 느낀다. 인생은 이런 체험의 연속이다.

몸조리하시던 미즈타니 선생님이 갑자기 돌아가신 후, 여름휴가 때 교토에 있는 조동종(曹洞宗) 안타이사(安泰寺)의 우치야마 코쇼(内山興正) 스님을 찾아가 매일 5시간씩 좌선하며 개인 지도를 받았다. 코쇼 스님은 '만남이 생명'이라고 말했다. 그리고 40여 년이 지난 지금, 겨우 그 의미를 이해하게 되었다. 인생은 나(안)도 세계(바깥)도 아닌 체험의 연속으로, 매 순간 만나는 경험이야말로 보잘것없는 '나'를 떠난 거대한 '내 생명'이다.

예를 들어 미운 사람이 있다고 하자. 옛날 같으면 미운 사람이 바깥에 존재하고 그것을 '밉다'고 생각하는 '내'가 있었다. 지금은 안도 바깥도 아닌 '밉다'는 생각만 있고, '밉다'는 부정적인 생각이 안도 바깥도 아닌 거대한 '내 생명'을 더럽힌다고 느낀다. 사실은 미운 사람도 '내 생명'(머리로 판단하기 전의 체험 자체)의 일부다(그림).

현재 내 목표는 '내 생명'을 흐리게 하는 부정적 감정을, 보잘것없는 '내' 힘으로 없애려 하지 않고, 거대한 존재(신, 부처…)에 맡겨 없애거나 빛나게 하는 것이다. 더 자세히 표현하면, 주위와 조화롭게 지내며 아무리 힘든 일이 생겨도 인생을 즐기며 사는 것이다.

언젠가 소겐 선생, 미즈타니 선생님, 코쇼 스님처럼 일상을 얘기한 것뿐인데 주변 사람에게 도움이 되는 사람이 되기를 바랄 뿐이다.

---

79 수행을 좀 더 하라는, 거대한 존재의 뜻이라고 생각한다.

마치며

허약 체질로 태어난 나는 강해지고 싶다는 생각에 학창 시절, 마른 몸을 근육으로 단련하고, 발차기도 못하는 뻣뻣한 몸으로 소림사 권법을 배웠다. 대학에서 일을 하고부터는 자전거에 열중했다. 그리고 7장에서 말한 이유처럼 이론 물리학에서 바이오메카닉스로 전향해 처음에는 격투 스포츠, 나중에는 무술을 중요한 연구 주제로 정했다.

몸과 몸, 무기와 무기가 서로 부딪치는 격투기나 무술에서는 당연히 근력과 힘이 있어야 한다. 내가 처음 연구한 분야는 인체의 근골격 구조와 그에 따른 역학 원리였다. 두 발로 걷는 사람이 자기 몸의 근육과 뼈대에서 강한 힘을 끌어내 상대에게 그 힘을 어떻게 전달할 수 있을지 알고 싶었기 때문이다. 무술은 신체를 다룰 때 스포츠 동작과는 또 다른, 역학·해부학 원리에 따라 합리적인 방법이 있다. 하지만 무술을 수련할수록 그 밖에 다른 요소가 중요하다는 걸 깨달았다.

예를 들어 '무너뜨리기'란, 상대의 감각을 속여 쥐도 새도 모르게 상대 균형을 무너뜨려 상대가 근육과 힘을 사용하지 못하게 하는 기술이다. 그 밖에 뇌가 시각을 처리하는 구조 속에서 빈틈을 노리거나, 죽은 사람의 영혼 같은 움직임으로 공격하려는 기척을 지우는 것처럼 심리를 조작한다고 말할 수 있는 요소도 있었다.

이 단계에서는 도장에서뿐만 아니라, 일상생활에서도 몸 안쪽의 감각에 신경을 집중해야 실력을 끌어올릴 수 있다. '쓸데없는 훈련을 아무리 해도 쓸데없는 것은 쓸데없다.'라는 무도인 말처럼 힘든 훈련을 악착같이 반복하는 것만으로는 성장할 수 없다. 한번은 유명한 사범조차 제자를 상대로 지금까지 효과가 있던 기술을 갑자기 걸 수 없게 되었다. 솔직히 제자에게 고백하고 연구를 거듭해 한층 더 수준 높은 기술을 구사할 수 있게 되었다고 한다.

최근 유도계 등 여러 스포츠 분야에서 체벌 문제가 불거졌다. 실수한다고 선수를 체벌하거나 선수에게 터무니없는 연습을 강요하면, 선수는 마지못해 쓸데없는 연습을 반복할 뿐이다. 지도자가 겸허한 태도를 가져야 선수들도 훈련하려는 의욕이 생긴다.

일본은 2012년부터 중학교에서 무도가 필수 과목이 되었다. 무도와 무술은 거의 같은 말이지만, 무도에는 그 말에 정신을 강조하는 느낌이 들어 있다. 승패를 즐기면서 신체를 단련하거나 동료와 서로 협력하는 걸 배우는 건 좋지만, 그래서는 다른 스포츠와 별반 다르지 않다.

오랜 역사 속에서 발전한 무술만의 신체 움직임은 누구나 평생 계속해도 몸에 무리를 주지 않는다. 이러한 무술이 근력과 힘에 치우친 현대 스포츠를 보완하는 역할을 했으면 한다. 나아가 무술의 깊은 정신이 미래를 이끌어 나갈 젊은이들의 마음을, 갈등을 넘어선 '강함'으로 이끌 수 있다고 믿는다.

나는 실전 경험이 전혀 없어 실제로 강해졌는지 알 수 없다. 하지만 제 7장에서 말한 경험을 쌓으면서, 남과 싸워 이기고 지며 서로 누가 강한지 결정하는 건 어느새 전혀 신경 쓰지 않게 되었다. 굳이 말하자면 나와 남을 구분하지 않고 만나는 모든 존재를 사랑스럽게 느끼며, '내 생명'으로 사는 순간이 '비교할 수 없는 강함'을 얻은 순간인 것 같다.

얼마 남지 않은 인생, 무술의 달인이 되기는 어렵겠지만, 정신을 수련해 언젠가 인생의 달인이 되었으면 한다.

참고문헌

서적

全解 日本刀の実力』BABジャパン, 2012.

『図説・日本武器集成』学研, 2011.

歴史群像編集部/編,『日本の剣術』学研, 2005.

歴史群像編集部/編,『日本の剣術2』学研, 2006.

戸部民雄,『図解 武器・甲冑全史 日本編』綜合図書, 2008.

五井昌久,『日本の心』白光出版 1973.

宗 由貴/監修, 鈴木義孝/構成,『強さとは何か』文藝春秋, 2012.

水谷啓二,『あるがままに生きる』白揚社, 1971.

池見西次郎, 弟子丸泰仙,『セルフ・コントロールと禅』日本放送出版協会, 1981.

大森曹玄,『剣と禅〈新版〉』春秋社, 2008.

内山興正,『生命の実物』柏樹社, 1961.

渡辺 誠,『刀と真剣勝負』ベスト新書, 2005.

木村達雄,『合気修得への道』合気ニュース, 2005.

吉福康郎,『格闘技「奥義」の科学』講談社, 1995.

吉福康郎,『武術「奥義」の科学』講談社, 2010.

吉福康郎,『格闘技の科学』ソフトバンク クリエイティブ, 2011.

DVD 비디오

歴史群像編集部/編『日本の剣術 DVDセレクション―術技詳解―』学研, 2011.

演武/解説:甲野善紀『松聲館の術理と技1~7』合気ニュース.

『池田秀幸師範 戦う太極拳』(理論と技術編, 套路と応用編), BABジャパン.

『第33回日本古武道演武大会』BABジャパン.

『ヌンチャクアーティスト宏樹 ヌンチャク道場』BABジャパン.

웹 사이트

岡本 眞 日本伝合気柔術 http://www1.ttcn.ne.jp/~nihonden-hakkei/

하루 한 권, 무술의 과학

초판 인쇄 2023년 10월 31일
초판 발행 2023년 10월 31일

지은이 요시후쿠 야스오
옮긴이 이선희
발행인 채종준

출판총괄 박능원
국제업무 채보라
책임편집 권새롬 · 이경호
마케팅 문선영
전자책 정담자리

브랜드 드루
주소 경기도 파주시 회동길 230 (문발동)
투고문의 ksibook13@kstudy.com

발행처 한국학술정보(주)
출판신고 2003 년 9 월 25 일 제 406-2003-000012 호
인쇄 북토리

ISBN 979-11-6983-625-8 04400
      979-11-6983-178-9 (세트)

드루는 한국학술정보(주)의 지식 · 교양도서 출판 브랜드입니다.
세상의 모든 지식을 두루두루 모아 독자에게 내보인다는 뜻을 담았습니다.
지적인 호기심을 해결하고 생각에 깊이를 더할 수 있도록, 보다 가치 있는 책을 만들고자 합니다.